U0291524

VR 全景视频基础教程

冯 欢 著

江苏凤凰科学技术出版社 · 南京

图书在版编目（CIP）数据

VR 全景视频基础教程 / 冯欢著. -- 南京 ：江苏凤凰科学技术出版社，2021.11
ISBN 978-7-5713-2504-6

Ⅰ. ①V… Ⅱ. ①冯… Ⅲ. ①虚拟现实－教材 Ⅳ. ① TP391.98

中国版本图书馆 CIP 数据核字（2021）第 220521 号

VR 全景视频基础教程

著　　者　冯　欢
项目策划　凤凰空间 / 周明艳
责任编辑　赵　研　刘屹立
特约编辑　周明艳

出版发行　江苏凤凰科学技术出版社
出版社地址　南京市湖南路 1 号 A 楼，邮编：210009
出版社网址　http://www.pspress.cn
总 经 销　天津凤凰空间文化传媒有限公司
总经销网址　http://www.ifengspace.cn
印　　刷　河北京平诚乾印刷有限公司

开　　本　710 mm×1 000 mm　1 / 16
印　　张　10
字　　数　100 000
版　　次　2021 年 11 月第 1 版
印　　次　2021 年 11 月第 1 次印刷

标准书号　ISBN 978-7-5713-2504-6
定　　价　88.00 元

内容提要

本书以虚拟现实（Virtual Reality，VR）全景视频的创作为切入点，专门面向对此内容感兴趣的读者，力求做到语言通俗、概念清晰、描述准确。从内容安排上看，本书分为 VR 与全景视频的应用场景、VR 全景视频与传统视频的异同、VR 全景视频的前期拍摄、VR 全景视频后期剪辑与制作、VR 全景视频展示，共五章。

在新文科建设的大时代背景下，本书将 VR 全景视频技术用于文科实验教学及研究之中，适应新时代对文科实验教学的要求，力图推进传统文科实验教学与新一轮科技革命和产业变革交叉融合。

本书编写是在新文科建设及人才培养模式改革的背景下进行，作为 2020 年天津市高等学校本科教学质量与教学改革研究计划重点项目[1]的部分科研成果，其初衷是用作南开大学通识选修课的实验教学教材，在加入 VR 全景视频相关知识点介绍之后，可以用作专业院校艺术设计、数字媒体等相关专业课程的教材，也可用作 VR 全景视频制作与培训的参考资料，还可以用作 VR 全景视频相关从业人员以及自学者的参考用书。书中所涉及的 VR 全景拍摄素材均由师生实地拍摄所得，可作为深入学习 VR 全景视频创作的重要资料。

① 项目编号：A201005501。

序

本书是大学生数字素养系列的一本分册。从基础的 VR 技术特征和影像知识讲起，解释每个步骤的操作方法。在讲解不同知识点和操作细节的时候，书中结合经过精挑细选的案例，帮助读者迅速理解和掌握抽象的理论知识点。读者通过逐步深入学习，可以迅速掌握 VR 全景视频制作的流程，包括前期拍摄、后期缝合、剪辑、输出等步骤。

新媒体的诞生伴随着数字技术的发展，艺术也随着新媒体的发展而发生着巨大的改变。随着新媒体和数字技术的进步，产生了新媒体艺术这种新型艺术形式。数字化的程度和新媒体艺术的特征有着密不可分的关系。随着多媒体技术、数字技术以及 VR 技术的飞速发展，对于信息处理的需求越发急迫。南开大学在贯彻落实新时代全国高等学校本科教育工作会议精神，实施《本科教育教学质量提升工程的方案》的过程中，提出从 10 个方面实施本科教育教学质量提升工程，通过 40 条措施切实提高本科教育教学质量。其中提到“未来，南开大学将加快推进现代信息技术与教育教学深度融合”，本书就深刻体现了 VR 技术与教育教学的深度融合。

新文科的教学改革要求探索大学生数字素养的新模式，通过开设数字素养课程，优化大学生数字时代的知识结构。将 VR 技术以及相关全景视频创作方法引入教学实践，是数字素养教育活动的新形式，采用“能力导向式”教学方法，引导学生逐步完成整个项目，掌握理论与技能，调动学生学习积极性。

谨此，希望《VR 全景视频基础教程》一书能在高校的相关 VR 教育发展和建设过程中贡献绵薄之力。

南开大学文学国家级实验教学示范中心主任

2021 年 5 月

前　言

近年来， VR 相关的应用越来越丰富，在教学中的应用实践也越来越多，一场新的技术变革与教学改革已经到来。在数字时代，学习离不开数字素养的核心——数字技术，数字素养水平会影响本科生数字媒体学习的进度和效率。处于数字化环境下的大学生，需要利用数字技术进行学习，只有具备较好的数字素养，才能灵活面对时代发展，才能在数字时代获取丰富资源。VR 作为新兴的数字技术，已经开始大量地应用于教育之中。本教程就是在这样的背景下，将 VR 技术融入教学实践，培养学生的认知力、洞察力和实践能力。VR 全景影像包括了拍摄技术、软件技术和艺术设计，随着相关手段和技术的发展进步，VR 全景影像的视觉表现与画面效果亦会日臻完善。伴随着 5G 时代的到来，作为非交互方式的 VR 全景影像内容及其相关应用也会出现蓬勃发展之势。但在当前阶段，VR 全景视频影像创作的相关参考资料不多，本书可用作数字媒体、艺术设计专业本科生，以及 VR 全景视频前期拍摄、后期制作等人员的学习参考用书。

《VR 全景视频基础教程》是关于 VR 技术发展、生态链、技术手段、发展前景以及全景视频创作应用的教程，兼具基础性和综合性。本教程的编写结合南开大学本科生通识选修课“VR 体验与全景视频拍摄”的教学内容和实践。VR 已经初具产业化规模，其关键在于开放协作。本教程的目的就是让学生在接触和感受 VR 技术的同时，对其生态链、技术手段、发展前景等有清醒的认识，并且掌握 VR 内容制作的基础知识和具备实际操作能力。同时开拓学生的思维范畴，满足各专业在 VR 领域的应用需求。

相比固定视角的传统视频，全景视频凭借宽广的视角和强烈的沉浸感获得了用户的青睐，越来越多的应用场景开始采用全景的视频形式。全景视频，亦称 360° 视频，比传统视频展现的场景信息更多，能给用户带来更深刻的身临其境的感受。VR 全景视频创作属于大学生数字素养的实践技能之一，在本科教学中属于知识与技能拓展的课程。本教程针对全景视频的拍摄制作，详细介绍了全景视频作品的制作流程，结合相应的视频教学内容及线上课程，可以更好地帮助学习者自由地安排学习进度。

本教程突出学生的“创作者”角色，引领学生使用 VR 全景摄像机和后期缝合、剪辑软件表达创意，提出创新性问题并寻找解决方案。教学方法的改变使学生由传统被动地接受知识，转变为通过主动地探索、质疑、创新等手段自主获取知识。本课程注重学生实践创新能力的培养，搭建实验教学体系，研究理论教学与实验教学相结合的模式，实现理论与实验学时比例合理化，由以传统的理论教学为主，转变为高比例的实验教学。本课程拓展实例操作项目，将已有师生互动、第三方参与的真实项目引入全景视频创作的实践教学中来。

本书在编著过程中得到了许多老师的帮助，书中手绘图由徐泽楠绘制，在此一并表示诚挚的谢意。鉴于 VR 全景视频知识的庞杂以及作者自身水平所限，书中难免存在疏漏和错误之处，欢迎读者批评指正并提出宝贵的意见。

冯欢

2021 年 5 月

目　录

第一章 VR 与全景视频的应用场景

视频制作、编码技术和移动网络的飞速发展，很大程度上促使网络视频成为日常生活的重要组成部分。相比固定视角的传统视频，全景视频凭借宽广的视角和强烈的沉浸感获得了用户的青睐，越来越多的应用场景开始采用全景的视频形式。全景视频，亦称 360° 视频，可以在显示器或头戴设备上观看，其比传统视频展现的场景信息更多，能给用户带来深刻的身临其境的感受。使用平面显示器观看 2D 视频，用户只能看到特定视角的场景，完全被动接受视频播放的内容和视角；使用平面显示器观看全景视频，用户虽然不能改变内容，但在观看过程中可以通过鼠标或键盘变换视角。从这个意义上讲，全景视频会占据一定的市场，人们对全景视频的质量、体验感要求也越来越高。

1932 年，阿道司 · 赫胥黎 (Aldous Huxley) 在他的小说《美丽新世界》中对未来工业文明做出了创想性的描述:“头戴式设备可以为观众提供图像、气味、声音等一系列的感官体验，以便让观众能够更好地沉浸在电影的世界。”这或许是人类对虚拟现实最早的想象。1955 年，摩顿 · 赫利 (Morton Heiliy) 构想了类似于今天的虚拟现实眼镜。20 世纪 60 年代初，世界上出现了第一台 VR 设备，名为“Sensorama”。这部机器尚处于 VR 原始理念阶段，它要求用户坐在椅子上将头探进设备内部，通过三面显示屏来形成空间感的体验 (图 1-1) 。

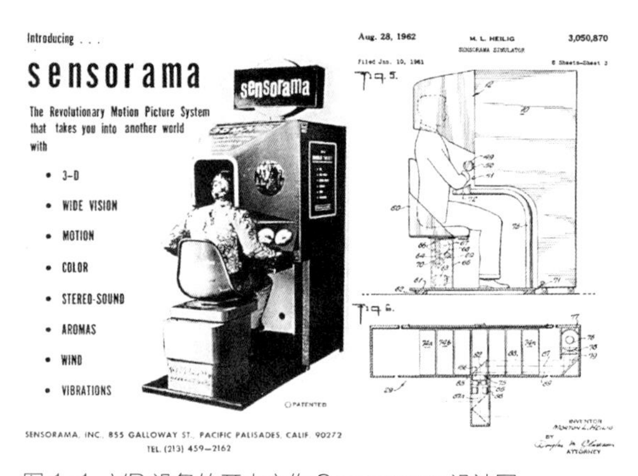

图 1-1　VR 设备的开山之作 Sensorama 设计图

1968 年，美国计算机科学家伊凡 · 苏泽兰 (Ivan Sutherland) 设计了世界上第一款头戴式显示器 “Sutherland” 。受到硬件技术条件的限制，整个机器十分笨重，需要连接到天花板的支撑杆才能正常使用。就体验感而言，“Sutherland” 并未带来真正的沉浸感，仅仅是一个简单的 3D 显示工具而已（图 1-2）。

1984 年，美国计算机科学家杰伦 · 拉尼尔（Jaron Lanier）提出了“虚拟现实”（Virtual Reality）这一复合词汇的概念：虚拟现实技术利用计算机模拟生成逼真的三维虚拟世界，为使用者提供视觉、听觉、触觉等感官的模拟，自然地对虚拟世界体验和交互，产生临场感。[1]他认为虚拟现实技术是为了“分享想象，生活在一个可以互相表达图像和听觉的世界”。

若追溯理论源头可以追寻到麦克卢汉的“媒介理论”，他曾创造性地提出“瞬间性虚拟国度”。由此看来虚拟现实并非全新的概念，它与传播学中的“拟态环境”并无本质差异。帮助用户体验临场感是虚拟仿真技术的核心优势。1993 年，格里高里 · 布尔代亚（Grigare Burdea）和菲利普 · 夸弗托（Philippe Coffet）提出了虚拟现实技术的“3I”特征，即沉浸感（Immersion）、交互性（Interactivity）、想象性（Imagination）。[2]

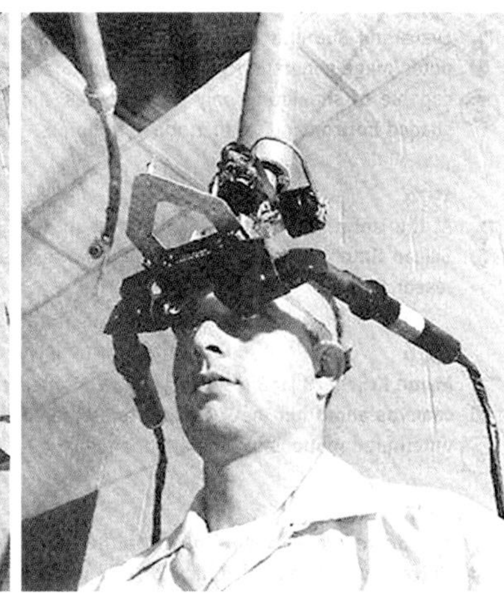

图 1-2　世界上第一款头戴式显示器 “Sutherland”

① 孙振虎，李玉荻．“VR 新闻”的沉浸模式及未来发展趋势 [J]. 新闻与写作，2016（9）：29- 32.

② Burdea G C. Coiffet P.Virtual Reality Technology [M].John Wiley & Sons，Inc，2003.

杰伦·拉尼尔组装了第一款投放商业市场的 VR 头戴显示器的特制眼镜（Eyephone），由于成本高昂并未引起太大关注（图 1-3）。进入 21 世纪，计算机发展与 20 世纪 80 年代相比有了质的飞跃，显示器的分辨率极大提升，显卡的性能可以更好地渲染三维场景，物理追踪技术更准确，互动方式也更丰富。

美国创业公司傲库路思（Oculus）成立于 2012 年，该公司成功研发出 VR 头戴显示设备“Rift”（图 1-4）。2014 年 7 月 脸书 以 20 亿美元全资收购了傲库路思，这一事件标志着虚拟现实产业的爆发。2016 年出现了 VR 热潮，越来越多的资本涌入 VR 市场，科技巨头纷纷转向开拓 VR 领域，新兴 VR 创业公司不断涌现，涉猎硬件、软件、游戏、影视、教育、医疗等各个领域。

互联网技术的发展促使传统的传播手段发生了翻天覆地的变化，媒介环境的变化也促使媒介手段发生变革，新技术则创造出新的传播媒介，从报纸、广播、电视，发展到网络时代的互联网、手机，再到新媒体时代报网融合、三网融合和媒介融合等，信息传播手段和受众接受方式不断推陈出新。如保罗·莱文森（Paul Levinson）所言：“媒介的进化不是自然选择，而是我们人的选择——也可以说是人类的自然选择，适者生存的媒介就是适合人类需要的媒介。”[①]马歇尔·麦克卢汉（Marshall Mcluhan）在《理解媒介：论人的延伸》中提出“媒介即人的延伸”[②]，任何媒介都是人的感觉器官的延伸或扩展。

图 1-3　20 世纪 80 年代贸易展上的 VR 交互设备

图 1-4　傲库路思公司发布的头戴显示器 Rift

① 保罗·莱文森．数字麦克卢汉——信息化新纪元指南 [M]. 何道宽，译．北京：社会学文献出版社，2001:47-53.
② 马歇尔·麦克卢汉．理解媒介：论人的延伸 [M]. 何道宽，译．南京：译林出版社，2016:7-14.

当下新媒体技术高速发展，VR 是这一时代的代表性技术成果，其产生和发展与数字媒体时代的大背景密不可分。当下这个时代互联网无处不在，信息交互可以随时随地发生，VR 在前代媒介的基础之上加入全新的信息体验功能，很大程度上增强了媒介的使用效能，再一次改变了信息的传播方式。媒介技术的进步引发的人类历史上一系列传播革命，贯穿人类社会的发展历程。第一次革命是语言的产生，相比手语、图画而言，人类的语言极大地提高了信息传播的准确性；第二次革命是文字的产生，使得信息传播打破了时空限制，让人类的知识和经验得以保存和延续；第三次革命是印刷技术的出现，直接提高了文字传播的效率，而报纸、书籍等印刷品的出现则使得信息传播走向大众传播时代；第四次革命是电子媒介的产生，广播、电视、电台的普及大大扩大了信息传播的范围，提升了传播速度，同时人类社会复制、扩散和保存信息的能力也得到空前提升；第五次革命就是网络传播的诞生，互联网的便捷性、实时性、交互性、资源共享性摆脱时空限制等特征使人类社会融为一体，地球上的信息传播不再受到距离的限制，信息对于人的时间和空间限制得到空前的解放（表 1-1）。

表 1-1　媒介技术的发展过程

序号	内容	作用	意义
1	语言	减少了肢体语言、图画表意的不准确性	人类的语言极大地提高了信息传播的准确性
2	文字	信息的传播打破了时间、空间的限制	有效地保存和传播人类的知识与经验
3	印刷术	文本传播的效率被极大提升	报纸、书籍等印刷品的出现，使信息传播走向大众传播时代
4	电子媒介	广播、电视的普及，大大扩大了信息传播的范围，提升了传播速度	人类社会复制、传播和保存信息的能力得到了前所未有的提高
5	网络	互联网的便捷性、实时性、交互性和资源共享性使人类社会实现一体化	信息的传播不受距离的限制，人类信息的时空限制大幅减少

第一节 VR 技术与新闻行业

一、VR 技术与全景化新闻

2005 年，美国学者约翰·帕夫利克（John Pavlik）最早提出了全景化新闻的概念。他认为“全景化新闻（Contextualized Journalism）不仅融合了数字平台的多媒体技术，并且还有在线传播的互动性、超媒体、流式特点和寻址媒介的满足受众个性化需求的特点”[1]。但是当时由于缺乏相应的技术支撑，全景新闻发展受限。直到 VR 技术出现，全景新闻才得到大力发展，但目前学界对全景新闻的概念还未形成权威的界定，仅从技术实现的角度给予定义：“在信息化、数字化的三网融合时代，以图片和视频为主要表现形式，利用虚拟现实的全景摄像技术，提供全视角影像，并体现一定新闻价值的新闻信息报道。”[2]

在 VR 技术的支持下，全景新闻让观众可以自由选择观看的视角，使沉浸式信息的获取和消费成为可能。“VR 新闻”的概念来自虚拟现实技术和新闻业的融合，泛指所有将虚拟现实技术运用于新闻采编、报道、传播和展示的新闻作品。2010 年，美国南加利福尼亚州大学安纳伯格传媒与新闻学院首次从学术上定义了使用虚拟现实技术制作的新闻，称其为沉浸式新闻。沉浸式新闻是“一种使观众能够对新闻中的故事或场景获得第一人称视角体验的新闻生产方式”。作为全新的新闻方式，VR 新闻打破了以往的新闻生产模式。从采写、编辑、后期制作到播出是一套全新的流程，新闻组织需要全新的 VR 新闻采编专业人才、专业的 VR 拍摄设备以及播出渠道和合作平台。VR 新闻较之传统的新闻平台更能拉近观众与事件之间的距离，将第一视角提供给观众，“观众”转化为“目击者”，极大满足观众的好奇心有助于新闻影响力的提升。

以 VR 技术为代表的科技进步为新闻业创造了一个全新的信息交互环境，其影响将超过所有的二维新闻生产形式，VR 技术将观众置于新闻故事之内，其沉浸感技术特征为观众带来了与新闻事件的零距离接触。VR 技术对新闻生产与传播的价值表现在媒介技术对传播理念转化的革命性影响。换言之，传统的新闻传播形式以新闻事件为中心，在 VR 技术的支持下变

---

① 约翰·帕夫利克．新闻业与新媒介［M］．张军芳，译．北京：新华出版社，2005.

② 刘涛，王宇明．新媒体背景下全景化新闻报道探析［J］．今传媒，2013（2）.

成了以观众体验和关注为核心。

从传播技术自身发展的宏观角度来看，VR 技术对新闻的影响还体现在它能以几乎穷尽的方式记录和传播新闻事件。记录和传输这两个属性始终是影响和限制媒介发展的重要因素。传输和记录两者联系紧密，只有建立起强大的记录能力，传输的效果才会好，反之亦然。提高信息的记录和传输能力，降低噪声和损耗，向观众原真地传播和再现新闻事件，拉近故事和观众间的距离，一直是新闻业追求的目标。VR 技术在新闻中的应用，将记录和传播这两个维度的效能发挥到了极致，它使用全景摄像机、多维传感及追踪仪器“记录”新闻事件，通过三维技术进行加工制作，再经由 VR 终端设备“传播”给观众（图 1-5）。全景化新闻不仅为提升新闻业的影响力创造宝贵的发展机遇，也能为观众带来更好的新闻内容服务。

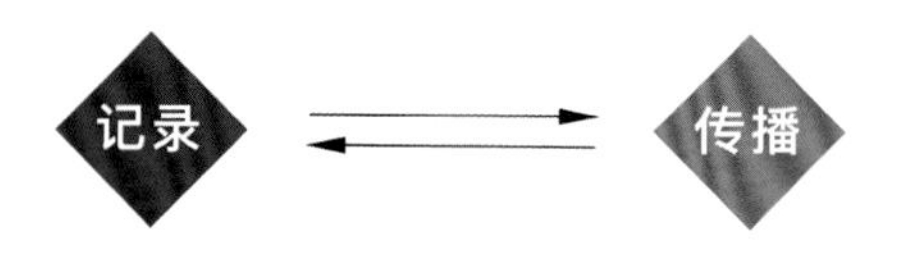

图 1-5　新闻生产中记录与传播的关系

虚拟现实技术将人类带入了全新的超媒体时代，VR 新闻方兴未艾，尽管这一新生事物仍处于试错和发展阶段，但新闻业已经进入了虚拟现实的大浪潮。VR 技术的应用对新闻事件的描述更加全面，最大限度地记录真实世界的信息。准确全面的信息记录带来了更高效的信息传播。当下的技术格局和媒介环境是在第五次传播革命后形成的，互联网在瞬息万变的信息时代仍持续扮演着重要角色。伴随着移动互联网突飞猛进的发展，VR 技术应运而生。一方面，VR 技术涵盖并使用了多媒体时代媒介的所有功能；另一方面，它还强化了互联网背景下数字媒体的传播能力。VR 技术将视觉、听觉、触觉、嗅觉等多种人类感官功能融合在一起，将媒介的传播效力提升至前所未有的高度。VR 新闻依托 VR 技术发展而来，传统新闻的生产与传播在 VR 技术的影响下发生了巨大变革。VR 的高度沉浸感和全景全方位的再现能力，提高了新闻现场的可视化程度，对新闻事件现场进行精准还原，如此便改变了受众阅读新闻的模式和方法。

新闻行业的发展与科技进步密不可分，无论信息传播的载体还是方式，都离不开新技术的运用和支持。每一次技术的革新都会带来新闻业的发展，照相机大量使用后图片新闻蓬勃发展，电视机和摄像机应用后有了直播新闻，VR 技术的出现催生了全景新闻。新闻行业的发展和变革历史，也是新技术在新闻行业中运用的发展史。VR 新闻的观看方式主要包含以下三种：

第一，用高端头戴显示设备观看。获得高沉浸感的深度体验需要配备一款高质量的头戴显示器，虽然虚拟现实的头戴设备出货量增速较快，但目前高端头戴显示器总体的普及率并不高（图 1- 6）。

第二，搭配手机使用轻量头戴显示设备观看。这种设备需要借助手机作为显示和声音播放设备，画质相较于传统媒体并没有太大提升，仅仅改变了信息的接收和体验方式（图 1-7）。

第三，直接用手机观看。新闻媒体将新闻内容直接投放在手机端的 VR 平台，这种方式是将全景新闻传递给观众最容易的方法之一（图 1-8）。这种情况下用户可使用手机，借助手滑或者陀螺仪感应器的方式观看 VR 新闻。但是其缺点也比较明显，受平台码率限制画面质量不高，直接影响了用户体验。

图 1-6　高端头戴显示设备能带来最好的 VR 新闻观看体验

图 1-7　搭配手机使用的轻量头戴显示设备

图 1-8　手机 APP 观看新闻界面

根据不同的标准，VR 新闻可以划分为不同种类。就内容而言，VR 新闻可分为景观展示类和新闻策划类。

景观展示类 VR 新闻：此类 VR 新闻仅仅对新闻事件进行客观展示和报道，其特点是让观众快速了解事件发生的环境，借助虚拟现实技术的全场景再现能力将观众带回新闻事件发生的第一现场。一般而言，景观展示类 VR 新闻多搭配解说词，这种是比较初级的 VR 新闻报道方式。另外，此类 VR 新闻要十分注意选题是否合适，否则会沦为单纯的炫技。

新闻策划类 VR 新闻：此类 VR 新闻内容往往比较深入，报道难度大，属于比较成熟的 VR 报道方式。新闻策划类的 VR 新闻具有复杂的叙事结构和呈现方式，故事化的新闻结构使其更加有效。通过故事结构、线索的引导，呈现出来的 VR 新闻内容会具有更强的沉浸感与引导性，观众的各种感官、逻辑思维得到充分调动，对新闻事件的理解更加深刻。

根据新闻的呈现形式，VR 新闻还可以划分为全景图片、VR 全景视频和 VR 新闻直播三类。

全景图片：全景图片是静态的 360° 视角画面，观看方式包括鼠标拖曳、触摸屏拖动和借助手机陀螺仪移动。全景图片概括性强，能带来简洁且清晰的画面。全景图片若缺少准确的文字说明或信息指引会带来一些问题：首先，全景图片的高度概括性难以理解；其次，展示类的全景图片也会带来抽象的空洞感。2019 年 3 月 20 日，人民网刊文《央视网 VR 新技术助力两会报道》，VR 全景技术贯穿于两会全程报道，集 VR 视频、Vlog、VR 图集、手绘图解等多样态形式于一体，让网友沉浸式体验两会现场，全景式感受新时代中国的发展变化。VR 新闻报道采取了全景图片的新闻报道方式，为了避免抽象、空洞感，在图片上配有文字说明，一些全景图片采用点击特定位置的方式获取信息。全景图片的优势在于轻量化，采编与制作便捷，效果显著，是 VR 新闻种类中时效性最强的一种。

VR 全景视频：VR 全景视频由于其视听的多感官体验，观众获取信息的方式更简单直接，VR 情境营造了真实、强烈的现场感。视觉信息借助 VR 手段后，其传播过程具有动态性和延展性，可多场景、多视角地为观众提供丰富、详细的信息。相较于全景图片，VR 全景视频是更高级的信息传播和呈现方式。VR 全景视频这种新闻类型应该在突发性重大事件上发挥优势，在报道的深度上有所突破，成为独立的新闻深度报道手段。

VR 新闻直播：随着 VR 技术的进步和设备的发展，媒体报道方式上也有所变化。2016 年湖北两会首次在全国范围内采用 VR 拍摄，次年的湖北两会 VR 报道再次升级，使用了专业的广电级 VR 设备和技术装备，此次 VR 直播开创了省级两会 VR 直播的先河。相比 VR 全景视频和全景图片，这是一次突破性的进步，VR 直播克服了 VR 技术在新闻应用上时效性差的缺点。VR 全景视频和 VR 新闻直播是对全景新闻进行的深度拓展。但是全景视频新闻的传播和观看需要 VR 技术和 VR 可穿戴设备的支持，因此 VR 技术的发展和 VR 设备的普及对全景新闻而言至关重要。缺少 VR 技术的支持和 VR 设备的普及，全景新闻就无法真正实现。

目前，VR 在全景新闻运用中仍存在一些问题。首先，接收和观看全景新闻的渠道并不十分通畅，支持 VR 视频和流媒体的网站数量有限，在 5G 全方位应用之前受网络的限制，全景新闻的阅读感受一般。第二，全面掌握 VR 技术进行全景新闻制作的相关人才数量不多。VR 技术是全景新闻的核心技术，在掌握 VR 技术之前传统媒体的记者和编辑无法胜任全景新闻的采编与制作工作。目前，国内的媒体人中，能使用 VR 技术制作和传播全景新闻的人才数量有限，这也限制了全景新闻的发展。第三，观众还未完全习惯使用 VR 设备阅读新闻。VR 技术颠覆了传统影像的观看方式，观众接收影像从被动变为主动，可以根据自己的喜好自由移动视线，因此不同人对同一 VR 影像的体验和感受不尽相同。在全景新闻中，观众直接“参与”到新闻事件之中，这是传统新闻阅读所不能获得的体验。但鉴于 VR 头戴显示器尚未大量普及，观众的阅读习惯也尚未养成，在大力发展 VR 技术的同时，还需要做好 VR 技术的宣传和普及工作。

二、VR 技术与体育赛事直播

尽管 VR 行业目前尚处于初步发展阶段，而且 VR 技术在技术积累和操作经验方面相较于传统电视拍摄和直播完善程度还不高，但 VR 赛事的全景拍摄和直播已经表现出了许多明显优势。VR 技术沉浸感带来的“身临其境”观赛体验是传统电视直播望尘莫及的。

由于技术原因，VR 摄像机多采用广角或鱼眼镜头，且单个镜头的焦段都是固定的，无法变焦，因此不能把远离 VR 摄像机的对象“拉近”到镜头前。所有的体育赛事中，拍摄设备都不能进入场地内部，否则会影响比赛的正常进行。因此 VR 摄像机也无法放置在场地中央进行拍摄，尽管从理论上这是实现 VR 拍摄技术的最优方式。随之而来的解决方案是在 VR 全景画面中增加一两个传统拍摄机位，能够为全景直播视频加入画中画功能，同时满足观众对赛事细节观看的需求（图 1-9）。通过增加自己团队中常规的拍摄机位，结合 VR 全景观赏的特性，VR 赛事直播导演能对常规拍摄得到的特写画面进行挑选和切换等操作，除此之外还能实现对精彩画面的回放功能。VR 赛事拍摄和直播可以使用画中画的方式将现场“沉浸感”体验与平面电视结合起来，VR 提供观看、体验现场感的优势，平面电视的直播画面可用于赛事解说、即时回放以及展示各种统计图表等。当前，在 VR 赛事直播中，技术人员正在开发支持简单互动的 VR 播放器，让观众在 VR 场景里自由移动并选择视角，甚至能随时选择观看常规画面。

图 1-9　VR 程序中的菜单调出即画中画效果

在目前阶段的赛事直播中，大多数 VR 拍摄团队采取定点拍摄，因此机位的选择变得至关重要，直接决定了直播质量。在赛场边的拍摄区域内通常挤满了拍摄人员和拍摄设备，VR 拍摄由于其全景摄制的特殊性，对拍摄位置的需求也有别于传统拍摄，需要得到赛事主办方的配合，与其沟通确定 VR 摄像机的预设拍摄位置。另外，VR 拍摄与常规拍摄不同，一旦开始拍摄，VR 摄像机不需要摄像师在摄像机旁边操作设备。VR 摄影师应远离摄像机，最好是在摄像机拍摄不到的死角，旨在为观众提供全面的 360° 视角，同时不让自己对画面产生影响。

另外，拍摄设备的选择也需要注意。目前市场上存在 2D 和 3D 的全景视频技术，普遍认为 360° 全景视频并非真正的虚拟现实。真正的虚拟现实技术强调临场感，这需要很好的景深深度来配合，而 3D 的景深效果需要摄像机拍摄时现场捕捉。在进行 VR 赛事直播时，应该使用 6 个以上镜头的 VR 摄像设备，以实现“真 3D”的 VR 效果（图 1-10）。

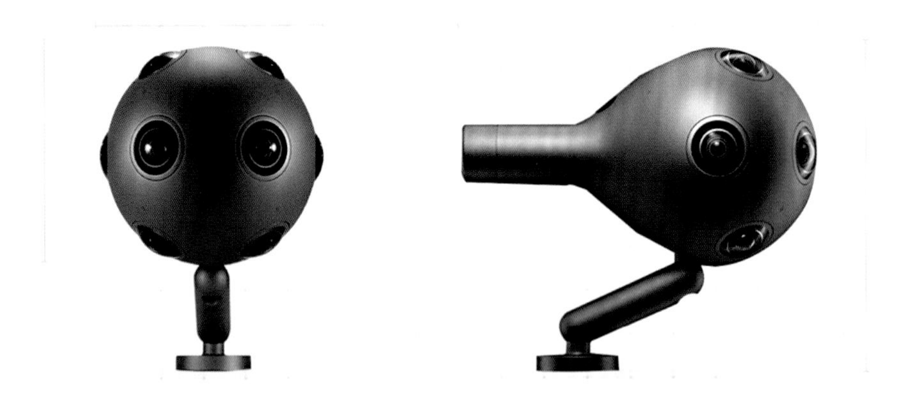

图 1-10　Nokia OZO 能实现真正的 3D VR 效果

VR 赛事的主要流程包括：VR 拍摄、拼接合成、内容传输和终端输出。同样，VR 赛事观众也需要使用 VR 头戴显示器来观看 VR 画面。目前 PC 平台的 Oculus 和 HTC Vive 头戴显示设备刷新率达到 90 Hz，延迟 20 ms 以内，因此这两款头戴显示器能带来较好的体验。VR 技术带来了最新的人机交互形式，而 VR 直播开创了全新的用户体验形式，可实现“空间瞬时移动”。将来 VR 直播和传统直播会紧密结合，随着 VR 技术的发展，在不久的将来，拥有临场感、互动性以及社交属性的 VR 直播会成为体育赛事直播的重要的观看体验模式。

第二节 VR 技术与文化教育

一、VR 技术与图书馆全景展示及导视系统

鉴于 360° 全景技术带来的身临其境的感受，它被越来越多地应用于宣传、推广领域。高校图书馆是应用这一展示技术的代表，其在展示高校图书馆人文环境，提高读者获取资源的效率，便于图书馆的日常管理等三方面作用突出。高校图书馆结合信息和网络技术的不断发展，旧有的宣传方式被逐渐打破，越来越多的多媒体技术被应用于图书馆的宣传和书籍的阅读。

高校结合自身的建设发展需求，新建了许多现代化、智能化的新型图书馆，这些图书馆的人文环境优良，教学和图书资源丰富。同时图书馆面积不断增加，设施更加完善。大量资金用于图书馆的环境建设、纸本资源与电子资源的采购，但仍未完全摆脱图书馆资源利用率低的现状。目前图书馆应用的传统宣传方式是二维图片结合静态网页展示，这种形式简单且缺少互动的方式无法充分展示图书馆的整体布局和内部结构，更无法全面呈现图书馆的人文环境，故无法很好地吸引读者。而 360° VR 技术凭借全景展现优势，可以成为展示高校图书馆更有效的宣传方式。360° VR 全景技术可以直观地将图书馆的人文资源、馆藏资源和先进的自助服务全方位地展现在读者眼前，一方面可以适应在网络环境下成长起来的读者的阅读习惯，另一方面可以使读者的访问摆脱时间和空间的限制。如果将地理信息系统[1]（Geographic Information System，GIS）与 360°实景漫游结合起来，可以同时实现图书馆的全景浏览、导航与查询功能，这样既能保证 VR 的沉浸感，又能保证读者不会迷失方向。这两种技术的结合，可以帮助读者对书目进行快速的场景定位。

读者检索图书时，查询书目具体位置后既可以浏览该书目所在馆区的 2.5 维地图，还可以进行 360°全景浏览。一方面可以提示读者书目所在架位的最优路线图，从而实现定位导航功能；另一方面可以帮助读者清晰直观地浏览书籍的存放位置，节省大量检索时间。与此同时，在 360° VR 场景中漫游体验时，可以在书目找到相应的浮动菜单或标签，用于显示相关信息或该图书的电子版，同时与借阅系统对接。

① 集空间信息和其他数据信息于一体，具有强大的空间实体定义能力和空间关系查询能力。

图书馆可以将自身的 360° 全景漫游与微信、微博等社交平台进行身份绑定，帮助读者便捷地观看图书馆的内部景象，将评价体系加入图书馆 360° 全景画面中，这样可便于读者对图书馆的图书、设备、服务等评价进行分享，以供其他读者参考，为管理者收集读者意见，提升图书馆的服务质量。另外，可以在图书馆的虚拟场景中为读者提供多用户在线服务，读者可以在这样的场景中进行社交、图书推荐、心得体会交流等互动活动，吸引更多读者关注图书馆资源和服务，提升图书馆相关信息的传播效率。

二、VR 技术与体育教学实践

VR 全景技术凭借“全视角、真实景、高清晰、可互动”的特点，为观众带来全新的临场感和交互式体验。若将 VR 全景视频技术应用在体育教学中，则能够丰富体育教学的辅助手段，提升学生学习的体验。VR 全景技术不仅能帮助体育教学拓宽思路和方法，还会为体育教学注入创造力和创新意识。传统体育教学活动采用的辅助手段，多为图片或动态视频。仅仅依靠图片的展示无法向学习者有效地传递连贯的信息，尤其是运动员技战术细节的变动；而动态视频在操作上缺少自由度，且不能进行全方位视角的展示。而 VR 全景技术可以很好地弥补图片和传统视频作为教辅手段的不足。VR 全景技术为体育教学工作带来启示，根据学生的实际需求和学习情况开发与教学内容配套的 VR 内容。这样能为学生创造出体育学习的新方法，为学生提供感受体育运动的虚拟环境，提高学生体育运动的融入感，并创造有利于自我学习的条件。

VR 内容可用作教学课堂的补充，将难以掌握的知识点、学生兴趣浓厚的教学内容等通过 VR 全景技术进行展示呈现，课下时间学生能够根据自己的兴趣点或疑惑点随时进行反复观摩与学习，帮助学生掌握教学内容，有效提升学生对运动技能的掌握，培养学习的兴趣。

VR 技术的使用有助于提升对运动技战术的直观全面认识。VR 全景视频技术的全视角观看能为学生提供没有任何视角盲点的体育技术动作学习过程，通过全方位真实的技战术视频展示，帮助学生置身于学习情景之中，加深学生对技术动作的理解，特别是团体技战术的发挥和配合的协调，使学生打破对概念的抽象理解。VR 全景视频技术在体育教学中的应用，不论是对体育教学工作本身，还是对师生都是全新的体验。VR 技术融入体育教学不仅拓展了体育教学的手段，还为师生的教学过程注入创造力，帮助师生更好地完成和实现教学目标，激发师生对体育运动的钻研与探索，提高体育教学效果。

三、VR 技术与非物质文化遗产的传承与保护

非物质文化遗产（以下简称非遗）是指可视为文化遗产的各种群众表演、民俗活动、社会实践传统技能等表现形式和文化空间。社会团体以不同的方式将这些代表中华文明的文化遗产进行传承与创新。保护非遗对于弘扬中华传统艺术意义深远。非遗具有地域性、技巧性以及传统性。将非遗进行完整的保护和传承是我们义不容辞的责任。

VR 全景拍摄技术运用一机多镜头对场景进行全方位拍摄，用户通过选择视角的方式对细节进行不同角度的观看。将多个镜头拍摄的视频进行缝合拼接后进行画面边缘处理、融合处理就可以得到全景视频。VR 全景拍摄技术能够将非遗独特的表现手法写实地记录下来，并将非遗的面貌进行全面而完整地呈现，弥补观看者无法亲临现场观看的遗憾。VR 全景技术的优势是能够使非遗更加全面、清晰、完整地呈现在世人面前。

非遗是弥足珍贵的民族文化财富，对于中华传统文明的弘扬和传承具有深远的影响。利用 VR 全景视频拍摄技术拍摄非遗体现了对非遗文化的珍视。VR 全景拍摄技术作为一种飞速发展的新媒体呈现手段，为保护、传承非物质文化遗产提供了全新的技术条件。

第三节 VR 技术与影视片创作

就内容而言，目前主流的 VR 影片可分为三大类：悬疑惊悚类、极限运动类和风光旅行类。①悬疑惊悚类：使用 VR 拍摄技术去拍摄、观看恐怖片可以尽可能地还原真实现场，全方向的声音渲染使得恐怖片更为惊悚，这类影片制作得非常少，仅极少部分好奇心强且胆大的人群才敢于尝试。②极限运动类：这一类 VR 影片的受众是最广的，目前国内的极限运动发展较为缓慢，一方面极限运动的危险系数较大，另一方面极限运动对参与者的身心素质要求很高。因此体验极限运动的门槛是比较高的。正因如此，VR 技术的应用能够很好地解决这一矛盾。目前国内较知名的 VR 视频网站上运动类的 VR 影片资源很多，内容以极限运动为主，如跳伞、滑雪、搏击、冲浪等。借助于 VR 视频技术沉浸感和临场感的优势来体验极限运动带来的真实感受使得这类 VR 影片大受欢迎。③风光旅行类：出门旅行所要花费的时间和金钱成本较高，有许多旅行计划是无法付诸实施的。VR 视频技术的出现可以将“游客”带到任何一个想去的地方。风光类 VR 视频主要是展示当地的自然风貌、人文景观等，可以带“游客”欣赏神奇的海底景观或俯瞰大地。这类视频制作精良、画面优美，借助 VR 眼镜可以“到达”世界上任意角落，让用户感受异域文化气息。

以上三个类型是 VR 影片中目前最受欢迎的、最有价值的种类。除此之外，还有综艺类、人物类、科技类等其他种类，但是由于 VR 全景影片进入市场的时间较短，这些类别的影片数量和内容还不够丰富，其市场和发展前景是十分广阔的。

VR 技术的使用使传统纪录片发生根本性的改变，观众从静坐在电视机或者影院银幕前变成不受空间约束，使用 VR 头戴显示器即可观看 VR 纪录片。VR 技术的使用为观众带来了全新的体验，同时使得纪录片的制作和观看从二维空间转换到三维空间，观众的身份也从“旁观者”变成影片的“目击者”或“参与者”。更重要的是，观众角色的转变彻底改变了纪录片的生产方式，纪录将以全新的方式展现在观众面前。

纪录片记录客观事实，纪实性是它的突出特征，因为它的本质即真实地记录事件。但是纪录片的创作并非单纯地为观众呈现事件的原貌，还需要考虑艺术表现形式以及叙事手法。创作属于人为的再创造行为，这种通过再创造产生的内容能够引起观众对事件的思考，或者传递给观众健康积极的生活状态，这是纪录片跟新闻最大的区别。传统纪录片由导演设计的镜头剪辑而成，故事情节的发展及其引起的情感共鸣以及镜头展现的环境，均是由导演根据自己的艺术理解来设计完成的。受技术手段的影响，传统纪录片不能为观众提供过多自己发挥想象的独立空间，在观看的过程中观众大多会跟随导演的思路走，被动地接受纪录片的内容，产生情感共鸣或价值认同。而 VR 技术的引入，势必会改变这一现状，观众从纪录片诞生伊始就拥有了自主选择权。

对于传统屏幕而言，不论播放介质是手机、电视机还是影院的大荧幕，不论其尺寸多大，都存在边界。屏幕边界这一物理特性决定了观众看到的内容是有限的，视野被锁定在画框之中。VR 纪录片的诞生打破了屏幕的边界，作为一种全新的影像呈现方式，观众使用 VR 眼镜实现了 360° 自由观看，根据头部的运动眼镜就可以在空间中实现任何角度的选择。这一特性使得 VR 纪录片具备了将观众拉到事件现场的“魔力”，这也是 VR 纪录片边界消亡的原因。

VR 技术凭借自身特征对纪录片的生产制作产生了重要影响，表现如下：

第一，观众视角从被动引导变为主动选择。一部完整的纪录片中每一个独立镜头都由导演、编导和剪辑师精挑细选剪辑而来，其目标明确，即引导观众按照片中设计好的视角和情节观看。而 VR 纪录片的出现直接改变了这种情况，VR 技术提供的 360° 全景视角为观众带来了各个角度的画面。换言之，在同一时间内观众可以选择多个镜头，这样便可以按照自己的意愿和理解去主动地探寻故事线索。虽然不同视角提供的内容会与纪录片的整个故事存在关联性，但相互之间又存在区别，这样一部完整的 VR 纪录片观影完成后，不同观众看到的影片是不尽相同的，因为情节的发展会受到观众对视角主观选择的影响。

可以将传统纪录片和 VR 纪录片看作一场旅行。在旅行团中跟随导游的指引像是观看传统纪录片，整个过程不会遗漏关键内容，但是观众只能按照导游预先规划的路线去欣赏，一个景点游览完毕后再按计划去往下一个。VR 纪录片则类似于自由行或自驾游，在整个旅途中，观众若对某一景点情有独钟，可根据自己的时间安排，想停留多久便可以停留多久，游览的顺序也可按照个人喜好进行选择，虽然风景是相同的，但游览的场景却因人而异。

第二，从以记录为主到以沉浸为主。传统纪录片带来的视觉真实，是尽可能真实地将场景、事件还原给观众，进而帮助观众了解事件原委。纪录片融合 VR 技术以后产生了全新的叙事形式和观看体验，VR 纪录片一定程度上弱化了纪实性，将观众置身于事件发生的场景之中，VR 技术带来的沉浸感在 VR 纪录片上得到充分体现。观众沉醉在 VR 纪录片带来的真实感，紧张刺激的情节、逼真唯美的风景令其赞不绝口。单镜头的时间延长、故事情节的完整性以及更多的声道、更加逼真的声效等，都是为了实现 VR 纪录片的沉浸性而做出的相应改变。

第三，景别概念逐渐模糊。在传统影视作品中，镜头分为远景、全景、中景、近景、特写五种不同景别（图 1-11）。VR 纪录片在拍摄时将立体空间内的环境细节全部记录下来，这也导致了 VR 全景视角下看到的影像缺少人物、场景等的细节特写。总结来看，VR 纪录片的画面缺少景深变化，观众所见的一切画面都是清晰的，只是观看角度和位置由观众自己选择。后期将不同角度的镜头拼接成全景画面后，观众所见都是由广角镜头拍摄后缝合的画面。由于全景摄像机自身物理特性的限制，VR 纪录片的镜头缺少微距、特写等特殊镜头。观众使用头戴显示器观看 VR 纪录片时体验的场景与人眼在现实场景中看到的范围一致。此外，

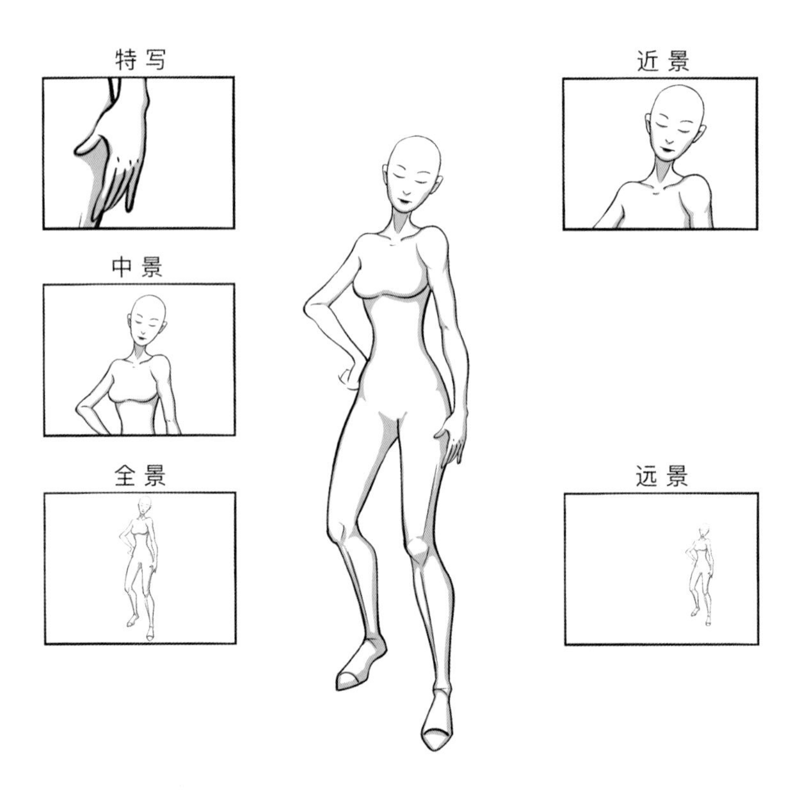

图 1-11　景别示意

在 VR 头戴显示器中所见的景物边缘也会如现实中一样变得模糊不清。另外，传统纪录片中景别的大小、运动镜头之间如何衔接需要艺术性的剪辑技巧，包括镜头的时长控制，延时镜头、空镜何时使用等。而 VR 纪录片中完全没有景别的概念，镜头间的差别微小，且没有丰富的运动镜头，镜头间的衔接也没有太多限制规则。

第四，固定镜头成为主流。相比传统纪录片对事件的再创造，VR 纪录片则是对现实如实呈现，观众成为事件发生过程中的一员。为了让观众自由选择视角，VR 纪录片的镜头需要留下足够的时间，因而固定镜头成为最优选择。以人物故事为主的 VR 纪录片多是固定镜头，因为固定镜头的观看视角更符合 VR 镜头的观影习惯，固定的镜头能有效地减少观众的眩晕感，给观众留出足够的视角观察周围的环境。

第五，高分辨率成为趋势。目前市面上多数 VR 头戴显示器的分辨率是 2K，少数已经达到了 4K。随着研发力度加大，越来越多设备在推陈出新，当 4K 分辨率的播放设备逐渐普及后，播放设备的高分辨率也对前期拍摄提出相应要求。使用 4K 分辨率拍摄制作 VR 纪录片逐渐成为市场的新选择，国内外的 VR 拍摄设备制造商基本都向市场投放了 4K 分辨率的产品，更有甚者提供了能拍摄 8K 分辨率图像和影像的产品（图 1-12）。

图 1-12　不同的分辨率标准

第六，制作方式发生变化，影片的单集时长缩短。VR 纪录片展现的是整个空间场景，因此需要留出足够时间给观众观看整个场景并进行视角选择。VR 纪录片的单个镜头时长不能像传统影视片一样进行快节奏的剪辑，而长时间佩戴头戴显示器带来的头部的酸痛感和可能引起的眩晕感，也决定了 VR 纪录片的长度要适当。实践证明，VR 纪录片的单集时长一般在 10 min 左右，稍长一些可达 15 min。在单镜头的时长控制上，传统纪录片是按照内容和情节需求来确定镜头的长度以及剪辑频率，长短、快慢、平缓与剧烈可以结合起来使用，短镜头短至几帧，长镜头可能达到 5 s，甚至 10 s。VR 纪录片的总体节奏是偏缓和的，每个镜头的时长在 3~5 s，节奏变化也偏舒缓。

第七，镜头切换频率变低。VR 纪录片中镜头间的切换频率低，这也是为了缓解观众可能产生的不适感。在传统影像中，小段镜头之间的叙述多采用硬切的转场方法，大段间采用黑场，中间还会用到交叉叠化、闪白等过渡方式。VR 纪录片中视频的转场仅会用到硬切、黑场和交叉叠化的过渡方式。VR 纪录片的自身特点决定其不适合采用快节奏的剪辑，镜头切换和场景转换频率过高则无法为观众留出足够的时间观看场景细节，也来不及联系事件情节的发展。VR 纪录片和传统影片的制作流程大体相同，因此 VR 纪录片可以使用跟传统影片相同的过渡方式。为了保证观众的舒适感和展现纪实的效果，VR 纪录片多采用淡入淡出的过渡方式。

第八，声音引导愈发重要。使用头戴显示器观看 VR 全景影像时，观众的听觉和视觉感受被完全封闭在虚拟环境中，这时环境声的作用愈发重要，情节发展和镜头转换都需要借助声音来贯穿和衔接。现实世界中的声音构成是极其复杂的，而且人作为独立的存在，不能从一个地点直接跨越到另外一个地点。但是在影像环境中，可以故意放大突出特定声音作为线索，引导观众进入不同的环境中去。譬如，剧中人物在某个室内环境，远在地球另一边的路上有人在歌唱，在剪辑镜头时让歌唱的声音在前一个镜头还未结束时逐渐响起，然后跳转到路上唱歌的画面中。传统影像中可以不使用声音的转换来完成镜头剪辑，但是 VR 记录片中这种声音转换的运用是极为重要的。

声音的作用在影视作品中占据半壁江山，其好坏直接影响着一部影片的质量。声音种类、音量大小等都在影片中发挥着重要作用。VR 纪录片单纯地使用故事情节作为镜头线索的引导并不奏效，加上本身的故事性不如传统影视片那般强烈，意味着需要在其他因素上对其进行补充。除了全场景真实的体验感外，声音扮演着引导故事情节的角色。

第九，播放平台发生变化。传统纪录片可以使用手机、电脑、电视机、影院大荧幕等媒介进行播放，因此其覆盖面非常广泛。VR 纪录片全景的特殊性限制了它的播放平台，目前，VR 纪录片大部分是使用手机媒介进行传播的，因而手机 APP 是 VR 视频最重要的载体之一。UtoVR、橙子 VR、爱奇艺 VR、优酷 VR 等是目前被广泛使用的 VR 播放平台。尽管电脑可播放 VR 纪录片，但是观看展平后的平面全景视频，且角度的切换需要借助鼠标进行调整，影响了观看的体验感，未能充分发挥 VR 的体验效果。

尽管 VR 观看设备的门槛较高，但目前已经达到了消费级水准。目前市场上有三个档次的产品，分别是 VR 头戴显示器、VR 一体机和 VR 眼镜。VR 眼镜价格低廉，花 20 元就可以买到一副，VR 眼镜需要搭配智能手机一起使用，智能手机中的电子陀螺仪具有重力感应功能，这一特征可帮助体验者观看 VR 影片时依靠头部的角度变化来调整视角。另外，智能手机需要安装相应的 VR 播放器。VR 一体机是性价比较高的选择，其价格适中，清晰度也能满足一般的观看需求。由于 VR 一体机自带播放器，不需要手机就能使用，只需预先将内容存储到 VR 一体机中或者联网就能够播放观看了。VR 头戴显示器是三档设备中价格最昂贵的，需要与电脑主机连接，电脑主机强大的运算能力为 VR 头戴显示器提供高清的视频源。

长时间佩戴 VR 一体机或头戴显示器会产生不适感。观看传统纪录片时观众坐在客厅的沙发或者影院的座椅上，超大的屏幕和环绕声都提供了良好观看体验。而使用 3D 技术拍摄的纪录片则凭借轻便的 3D 眼镜也能实现真实的视觉效果，即使时间稍长观众也不会产生明显的疲劳感。观看 VR 纪录片，观众需要使用全封闭的 VR 眼镜或者头戴显示器，只有这样才能实现 360° 的场景观看。一般 VR 一体机质量约是 290 g，头戴显示器则更重一些。人们日常使用的近视眼镜重 20 g 左右，质量相差近 15 倍，可想而知将 VR 一体机或头戴显示器长时间戴在头上是一种怎样的感觉，尽管 VR 设备厂商在佩戴舒适性和质量上一直在改进，但最终效果仍差强人意（图 1-13）。

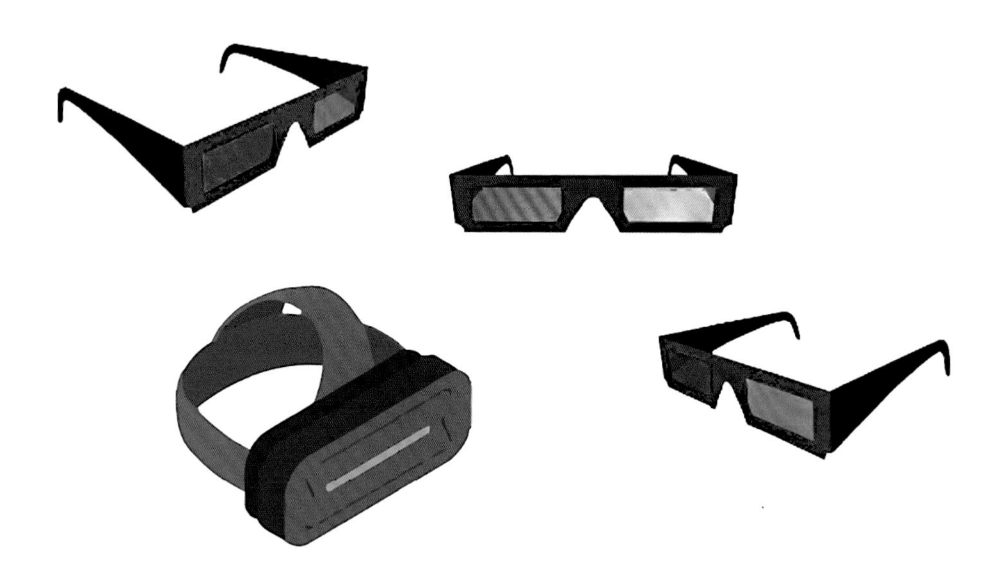

图 1-13　普通 3D 眼镜和头戴显示器质量和体积对比

第二章 VR 全景视频与传统视频的异同

第一节　全景视频的特性

一、全景视频的视觉特征

尽管全景视频包含以全景摄像机位置为中心的水平和垂直方向的全部视觉信息，但在电脑屏幕、手机等设备上播放，也无法完全显示出全景画面，大部分画面是消隐的，因而全景视频的观赏体验与影院的环幕效果差异不大。观看全景视频的最佳方案是使用 VR 头戴显示器，观看时人眼（头部）所处的位置正是全景摄像机的拍摄位置，观众能看到的画面就是人眼视野范围涵盖的那一部分。如图 2-1 所示，白色区域代表视觉显现区，灰色部分为视觉消隐区，随着观众移动头部，显现区和消隐区随时会发生改变。

全景视频的视觉呈现特征符合人类的视觉生理和心理特点。对人类视觉生理特性的研究表明，人的注意力集中时视野范围会变窄，因而人眼在某一时刻仅能专注于一个相对狭窄的视觉范围。即使是观看传统二维视频影像，观众也无法看到影像的全部，注意力只能集中到屏幕的某个区域，视觉信息过多则会对其产生干扰。 因此，根据人眼的视觉生理、心理特征和全景视频的呈现特征，不论如何播放全景视频，人眼在同一时刻能看到的信息大约为全部视觉信息的 1/12。

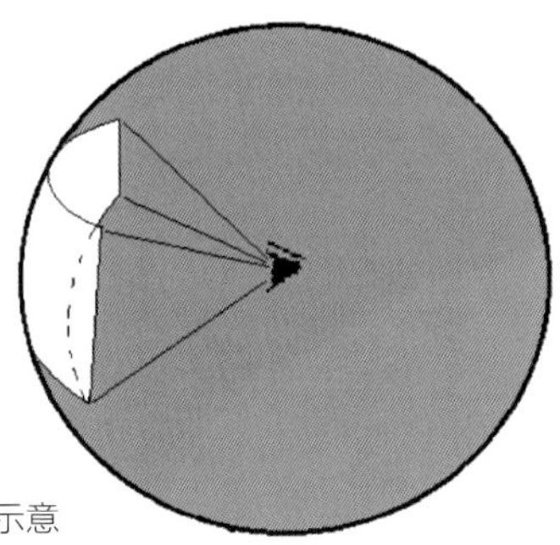

图 2-1　观看全景视频的视域范围示意

二、区分 VR 影像和 360° 全景影像

360° 全景影像是一种使用数码相机或 VR 一体机对场景进行环视拍摄后使用计算机进行后期缝合，使用相应播放器完成播放的三维虚拟展示技术。360° 全景影像的本质是提供 360° 视频和照片，使用全景摄像机拍摄场景内的全方位 3D 景象。这种影像由真实影像缝合而成，而非虚拟合成，因此缝合后的画面会存在裂缝，一定程度上会影响整体的视觉效果。全景视频可以全方位地为用户呈现场景，但无法在场景中进行互动。缺乏交互性是 360° 全景影像的一个缺陷，此处的全景影像是指能够以 360° 任意角度观看的动态视频。人的视角水平范围约 124°，垂直范围约 90°，集中注意力观察某特定对象时视角缩减为平时视野范围的 1/5，由此可以看出，人眼看到的视野范围是有限的。同一时刻内，人眼只能看到 360° 全景空间内约 1/6 的信息。VR 全景视频的每一帧都是全景图，对于人眼的视野范围而言，全景图像能囊括空间中的更多信息。在视频的画面控制上，全景视频与普通视频类似，比如也使用播放、暂停、快进、快退等控制方式；不同的是观众可以在全景视频中自主灵活地选择视点，以此来环视以全景摄像机位置为中心的 360° 画面。

三、全景视频的分类

全景视频能够呈现出逼真的画面，同样具有虚拟现实的沉浸性、交互性和构想性的“3I”特征。全景视频的分类有多种方法和标准，目前存在的全景视频可如下分类，见表 2-1。

表 2-1　全景视频的分类及其特点

划分标准	类型	特点
视野范围	360° 全景	视野广阔，水平方向可做 360° 环绕
	720° 全景	视野广阔，水平和垂直方向可做 360° 环绕，效果类似于真实环境
三维效果	普通全景	无三维效果，全景画面以二维效果展示
	全景 3D	三维展示，具有立体感，类似于 3D 影片
	全景 3D 交互	三维展示，用户可与影片及影片中的元素交互，自定故事发展线索，确定观看内容

续表 2-1

划分标准	类型	特点
欣赏方式	直接观看	方便快捷，以二维平面效果为主，沉浸感差，分为移动端和 PC 平台
	3D 眼镜	较为方便，三维效果较好，沉浸感一般
	头戴式显示器	佩戴不方便，三维效果和沉浸感良好，但容易造成不适
画面交互	直接交互	用户能主动与画面交互，拖动画面，改变播放内容和观看视角
	非参与性视角交互	用户能主动与画面交互，采用头部追踪定位技术，随着用户头部运动改变画面内容和观看视角

1903 年，安托万在《布景漫谈》中提出了“第四堵墙”的概念：“舞台布景要显得富于独创、鲜明和逼真，首要的就是要按照某种见过的东西如一种风景或一个室内景来制造。如果是室内景，制造时就得有四条边、四堵墙，但不必为第四堵墙担心，因为它以后便会消失，好使观众看到里面发生的一切。”[1]布莱希特不这么认为，他认为观看戏剧时观众不应该下意识地感知到舞台上发生的一切，而应该在自我意识的基础上评判舞台呈现出的各种人物的表演。戏剧的发展促进舞台的多样化，打破“第四堵墙”逐渐成为一种常用的创作手法被大量的戏剧采用。电影不同于戏剧，不论题材如何，导演力图为观众营造一种“时空幻觉”，使观众在“偷窥别人的生活”的过程中得到某种满足。对“时空幻觉”的构建则与这堵无形的墙关系紧密，打破“第四堵墙”的创作手法多用于喜剧影片。

在 VR 全景影片中可以看到打破“第四堵墙”的痕迹。未来的 VR 电影有很大一部分会使用第一人称视角来拍摄（图 2-2），观影过程是观众与剧中角色的交互过程，片中人物尽情向观众倾诉，因此 VR 影片中不存在“第四堵墙”。“第四堵墙”被打破后，观众观看 VR 电影时不再是单纯地单向接受与认知，还可以根据自己的选择深入感受、体会剧情所给予的审美内涵，这与布莱希特的理论不谋而合，可见从创作上讲 VR 电影与戏剧更相似。

尽管 VR 电影和传统电影都利用人眼的视觉暂留原理成像，但是从观众的接受方式而言，两者存在着较大的差异。观看电影时观众需要坐在影院的指定座位上，在相对黑暗的环境中

① 孙惠柱 . 第四堵墙：戏剧的结构与解构 [M]. 上海：上海书店出版社，2011.

与屏幕保持一定的距离，同时与许多人一起观看，以上行为具有一定的仪式感。VR 电影却从根本上打破了这种仪式感，因为 VR 的特征使得 VR 影片具有体验性。观众不受场地限制，戴上 VR 显示设备就能“进入”影片中，轻松地与影片中的角色进行互动。

观众完全沉浸在虚拟场景后便成了影片的一部分，也正因为此，VR 电影将传统电影艺术里的审美主体与客体关系完全颠覆。观看电影时故事中的角色会让观众忘记自己观影者的身份和所处的空间，最终达到“换位”的状态，鉴于此我们才说看电影是审美活动。[1]苏珊 · 朗格认为电影如梦一般。在电影中，就人物形象、动作以及故事情节等因素之间的相互关系而言，可以说电影摄影机的位置与做梦的人所处的位置是相同的。但是区别在于做梦的人能够参与到梦中，摄影机却不能，从这方面来看电影是一种客观化的梦。VR 电影却直接将观众放在“做梦者”的位置上，极力追求感官上的真实。苏珊 · 朗格的艺术幻象理论曾指出艺术的一大特性是“他性”：艺术并非单纯地照搬现实，而是让人在更高层面上把握现实。VR 电影作品中包含的体验性让一切都变得真切，加上影片剧情交互的需要，观众与 VR 电影的人物存在假象上的“利益束缚”。观众在 VR 电影中注意到“花是红的”而非“花是美的”的时候，观众则无法成为审美主体，VR 电影本身也无法成为审美对象，审美的主客体都消失后审美价值便无从谈起。

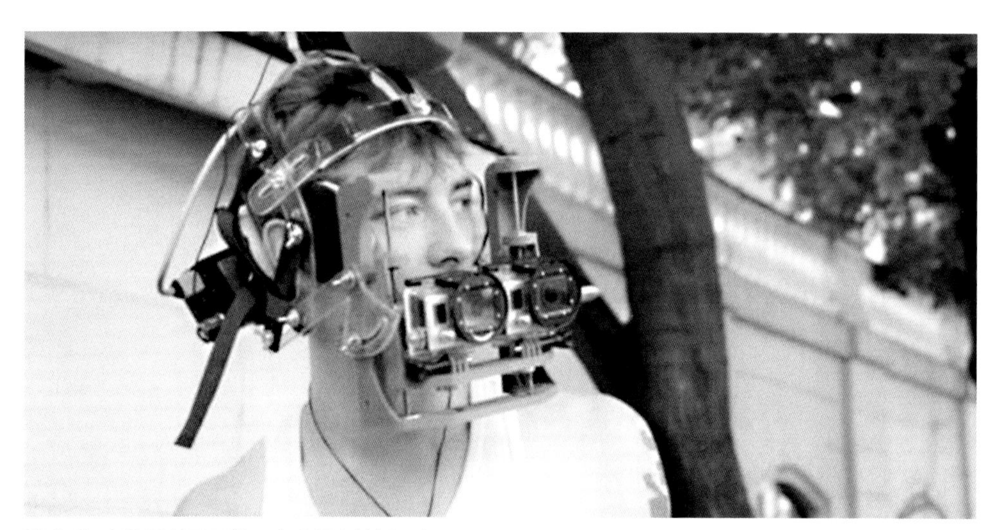

图 2-2　VR 影片采用第一人称视角拍摄示意

① 苏珊 · 朗格 . 情感与形式 [M]. 刘大基，傅志强，周发祥，译 . 北京：中国社会科学出版社，1986.

英国戏剧家马丁·艾斯林在《戏剧剖析》中说："戏剧（舞台剧）在 20 世纪下半叶仅仅是戏剧表达的一种形式，而且是次要的一种形式；而电影、电视剧和广播剧等这类机械录制的戏剧，在技术方面或许有诸多不同，但基本上仍是戏剧，遵守的原则也就是戏剧的全部表达技巧所产生的感受和领悟的心理学的基本原则。"从创作的角度上讲 VR 电影恰恰是这一论述的有力佐证。从创作技法和创作理论上看，VR 电影更像是舞台戏剧的延伸而非传统电影的发展。从接受角度看，审美的主客体关系的变化也使得 VR 电影与传统电影存在较大区别。因此，VR 电影将来可能会发展成为一个独立的艺术门类，而不会是传统电影的下一个发展方向。

四、全景视频的叙事特点

相对于平面（二维）视频，VR 全景视频在视听语言上创造出新的叙事元素和概念，带来全新的视听感受，同时也形成了独有的叙事特点。

1. 扩展四维空间

平面视频的叙事空间均被限制在二维的画框之内，即便是 3D、IMAX 等巨幕电影，也没有摆脱屏幕四个物理边框的限制。而 VR 全景视频则打破了边框，观众使用头戴显示设备沉浸在完全虚拟（水平 360°、垂直 360°）的空间内部，在这个虚拟空间中同时能感知长、宽、高、时间和位移 5 个维度因素（图 2-3）。正是这个技术特征为 VR 全景视频带来了强烈的沉浸感，帮助 VR 全景视频很好地契合了自身作为叙事手段的需要，帮助观众全方位地体验虚拟场景中的整体及细节。

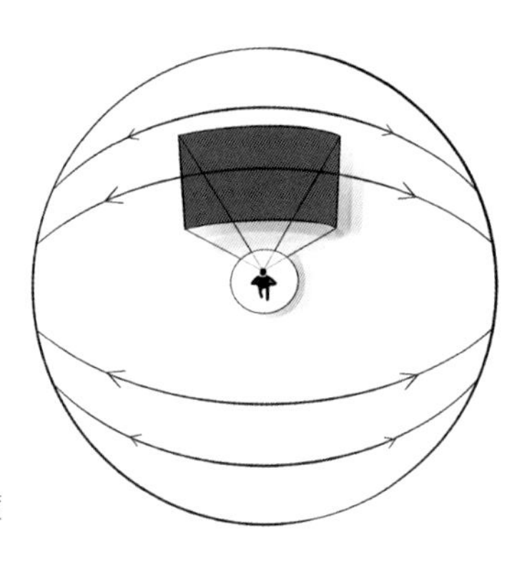

图 2-3 VR 视角的自由度

2. 消灭景别界限

传统平面视频使用景别这一重要手段来塑造人物、叙事表意，并结合景别的组合、调度，调动观众从不同视距上观看画面内部的主体，从而达到叙事、表意的目的。而在 VR 全景摄像技术支持下，全景画面可以塑造出完整的“叙事场”，景别的因素在全景视频中消失不见。在 VR 全景视频画面中，VR 摄像机与被摄主体间的距离决定了主体在画面中的位置、大小等因素；而在运动镜头中，主体运动的方向及其与 VR 摄像机的距离决定了景别的类型（图 2-4）。导演无法在全景画面中运用景别来处理画面，这是 VR 全景视频前期拍摄中出现的全新课题。

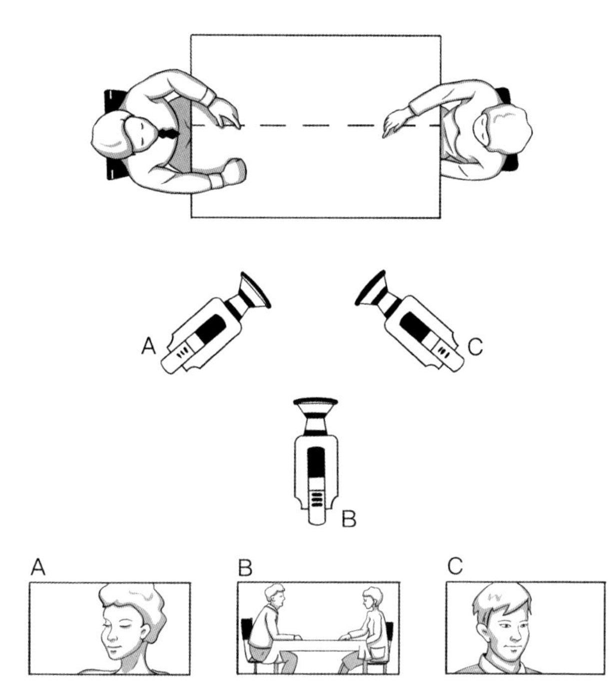

图 2-4　除了景别，多机位因素在 VR 全景影片中也被消隐

3. 无法控制观众视点

平面视频中只存在时间和空间两个变化向量，在单镜头中观众的视点是单一且固定的，而在连续的镜头切换之间，观众视点随着镜头的切换而变化，导演和剪辑师正是利用这一变化，形成影片的节奏变化、重点突出，以达到画面叙事的目的。在 VR 全景视频中，叙事的维度被扩展，除了时间，在虚拟的三维空间内观众可以自由选择观看的视角，场景内的任意一个画面都可以用来观看，场景中观众的视点不受制于导演或剪辑师的控制，这样也为导演和剪辑师的拍摄和剪辑带来了新挑战。

4. 场面调度成为“场”调度

“叙事场”是全景视频的基本单位，它类似于传统平面视频中的情节片段，是时间向量上的立体空间。镜头和情节的组合帮助平面视频实现叙事和表意功能，从时空关系看，单个镜头和情节在拍摄过程中，时空关系是相互割裂的，在剪辑加工时被重新组合，而观看的过程就是观众依据导演设定的叙事顺序来主动构建故事情节。而全景视频的单镜头中，受限于全景化的场景展示特征，导演、摄像师、灯光师、录音师等一切工作人员均不能出现在镜头画面中，也就无法像拍摄平面视频那样方便地进行场面调度。全景视频需要营造完整的“叙事场”，那么在叙事时情节和镜头在时空关系上必须是连贯的，在内容上最大限度地追求“真实性”和“临场感”。

5. 改变交互方式

画面和声音两个元素在传统平面视频中构建了从导演到观众的单向情境，视频内容与观众之间是主动叙说与被动接受的单向关系。即使“主观镜头”“3D”等技术方法增强了观众的视觉体验，但其参与感仍无法与全景视频匹敌。在全景视频中，观众在虚拟环境中以第一视角（主体身份）与场景发生交互，交互范围越大，交互深度越高，观众获得的体验感也就越强烈（图 2-5）。在虚拟场景中观众的视角不受导演控制，如何抓住观众的兴趣点，使叙事重心受到关注，是导演在场景设计和演员调度时需要思考的问题。

图 2-5　VR 全景影片选择视角的自由度直接改变了观看方式

五、全景视频的叙事策略

1. 叙事场的营造

全景视频在形式上已经突破了静态或动态画面的二维展示，只有将全景画面构建出完整的叙事场，观众才能够深度沉浸其中。VR 全景视频应尽量使用第一、第二人称的视角，从宏观和微观两个层面展开叙述。譬如宏观层面上的航拍镜头使观众置身于场景的制高点，动态地观看场景全貌。微观层面上通过移动拍摄模拟观众在场景中游览的节奏，拍摄连续运动的镜头帮助观众在运动场景中观看主要的画面细节。对于情节类的 VR 全景视频，人物是核心的因素，在录制过程中可以由主持人手持全景摄像设备，在后期制作中使用提示语言、字幕、视点、运动方向、镜头交互等方式，引导观众沉浸在场景之中。另外环境人物的选择也需要有一定特点，尽量提高叙事场景中的信息含量，增强全景视频场景中的美感和艺术张力。

2. 合理应用解说词（旁白）及字幕

在传统的平面视频中，台词、解说词和旁白等都倾向于简洁明了，台词的使用须契合全片的节奏和运镜特点，对正片的叙事起到提纲挈领的作用。而在全景视频中，解说词和旁白的信息量会相应增多，它们有助于解释画面细节，引导观众视点转移，调节影片的整体节奏。这就要求解说词、台词的段落结构与场景切换节奏相互契合，语言偏向于散文叙事风格，台词的起止也应该与背景音乐节奏、镜头时长、镜头运动节奏等相契合。

平面视频中使用字幕对解说词和台词进行展示，能对画面的重点起到解释说明的功用，字幕也成为除去画面和解说词之外的一种叙事元素。而在全景视频中，观众需要花费较多的时间、精力关注画面和移动视点，在场景中不必再出现解说词的字幕，以免分散观众的注意力。当然如果需要外文翻译则另当别论。针对全景画面中的主要元素和细节，可以使用简洁、艺术性的字幕来进行提示。

3. 背景音乐的使用

背景音乐能够帮助渲染叙事场景的沉浸感和艺术性，能对画面叙事起到点睛的功效。全景视频中合理地使用背景音乐来营造全景场景的氛围和真实感，一些特殊的音效则可以用于吸引观众的注意力，引导视点的移动。另外，在全景视频的叙事节奏中，背景音乐还能服务于叙事节奏变化、串联场景、渲染情绪。背景音乐使全景视频画面中元素多样化、立体化，便于观众深度地沉浸其中。目前多数的 VR 全景视频采用旋律舒缓、柔和的纯音乐作为背景音乐。

4. 光线的处理

抛开数量不谈，传统平面视频中运用的光线都是单向的，光线的方向和表现效果容易控制（图 2-6）。一体式全景摄像机在拍摄视频时，水平方向 360° 范围内的光线是全局光，很多情况下会出现画面明暗不均的情况，受光面亮，背光面暗，且缝合画面后接缝明显，这样便影响了画面的整体质感。可以在后期处理中调整光线，努力降低光比，使全局光线均匀。

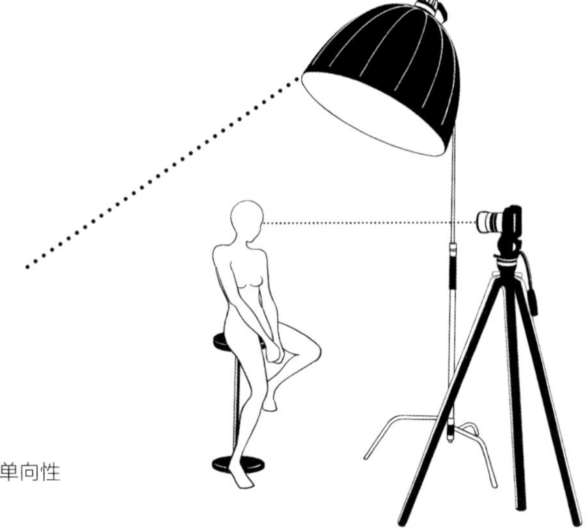

图 2-6　传统摄影摄像中光线应用的单向性

5. 镜头剪辑逻辑

“场”是全景视频中的基本叙事单位，全景画面镜头重塑了一个沉浸式的叙事场，观众观看时在空间上的感受并非线性的连接和转换，而是立体空间的多层次展示。传统的叙事顺序是以逻辑关系为基础的，因此无法完全适用于全景视频。全景视频的叙事逻辑以“场”的转换为主，是以空间向量作为上下镜头拼接的逻辑，兼顾时间向量的推进，在解说词的引导下实现“场”的连接。

6. 虚拟与现实相结合

以风光全景视频为例，多数景区的遗址和遗迹等无法独立支撑起其对历史、文化、人文的表述。因此利用三维建模将已经消逝的历史场景复原，然后使用 VR 头戴显示器或一体机结合手柄、手势、眼神聚焦等多种方式帮助观众实现与场景的交互。一方面可以丰富景区宣传片的表达方式，另一方面能够以历史、文化为切入点，对景点展示进行深度挖掘。虚拟的全景视频和实际风光相结合，在虚实结合的基础上使用对比、隐喻等手法深化宣传片的叙事层次。

第二节　蒙太奇的应用

从视角这一点来看，全景影像永远是第一人称视角。持久的参与以及置身其中的临场感是全景影像的基础。全景视频能够为观众提供一个“偷窥”视角，观众以一个具备第一视角的隐形人身份进入虚拟环境，类似于第一视角游戏提供给玩家的参与感。观众被全方位地包围在逼真的环境中，这是一个连 IMAX 大荧幕都无法覆盖的边界。相对于传统影像，VR 的这种单一视角更类似于舞台戏剧的观赏模式，因此舞台的局限性也在 VR 场景之中有所表现。譬如场景的转换不能随心所欲，镜头迭次更替所赋予的蒙太奇功能也失去了效能，这也意味着以视听语言为主要手段的现代电影、电视等影像用来讲故事的方法在 VR 影片中被放弃。因此，这一点可能是 VR 全景视频与基于视听语言的传统视频的最大区别。

传统平面视频中，普通拍摄、航拍、延时摄影、快慢镜头、景别调度、影调布局等技术和表现手法均可用以传达情绪（图 2-7）。观众单向被动地接受视频内容，缺少交互环节，视频的制作方在传播的方向上能主动保持较高的可控性。全景图片和平面视频仍停留在时间和空间两个维度上，而全景视频则从空间上在二维扩展至三维。在时间上随着场景的切换进入新场景中，构建新的叙事语境。

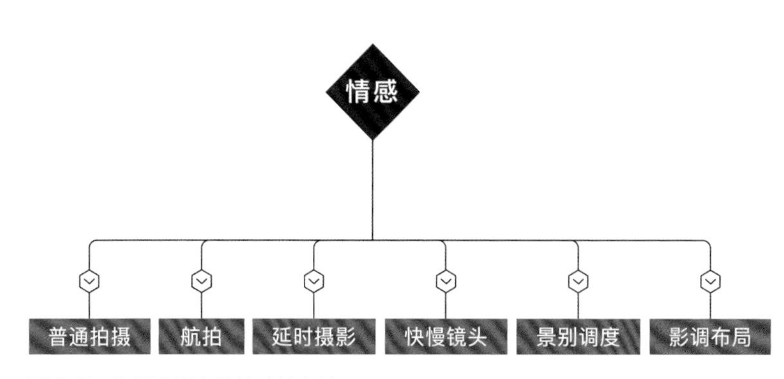

图 2-7　传统视频表达情感的方法

就叙事方法而言，全景视频具有以下典型特征：

1. 重构蒙太奇手法

爱森斯坦说："两个蒙太奇镜头的队列，不是两数之和，而是两数之积。"蒙太奇的应用是电影、电视历史上的重大变革，它将不同场景、不同方法、不同景别下拍摄的不同镜头进行排列组合，达到讲述故事情节的目的。平面视频中蒙太奇的使用频率很高，而在 VR 全景视频中蒙太奇则被大大弱化。为了保证观众能看完整个场景，镜头时长至少为 10 s 以上。极端情况下，一部 VR 影片中很可能只有一个镜头。全景影片营造出的沉浸感使观众置身于虚拟场景之中，可以不停变换视点观看画面中的每个信息点。单镜头中全景画面已经记录了主要的叙事元素，以至于上下镜头之间的逻辑关系不再像传统视频那样联系紧密，蒙太奇理论需要被重构。

2. 单个镜头注重表现性

全景影片通过全场景营造出叙事场，每个镜头的内容都是充实的，单镜头内部的元素丰富，这样才能保证观众任意选择视角都能获得视觉上的满足。全景画面不能通过调度景别来实现多角度、多景别的视觉效果，因而全景画面内细节的表现存在一定的缺失。另外，如果使用传统视角设置全景摄像机的拍摄机位会使观众的视野范围受到限制，因此单个镜头画面内，要充分运用场景内的元素来吸引观众的视点。

3. 声音元素功能弱化

在平面影片和视频中声音是不可或缺的元素，可用于调节节奏、营造氛围，还能配合镜头的切换和搭配（图 2-8）。

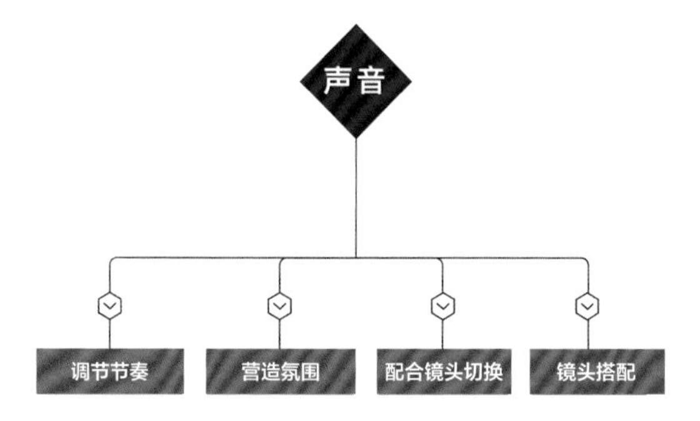

图 2-8　声音在视频中的作用

在全景影片中背景音乐起到烘托环境氛围的作用，但在转场、连接镜头方面的作用则被弱化了。另外，音响、音效的特殊性和突然性可以在全景影片中起到引导、吸引观众视点的作用。

4. 长镜头的叙事作用

传统平面视频中使用长镜头时，观众长时间地注视画面，可以充分了解画面内的所有环境、动作细节，长镜头是纪实节目最常用的镜头手段。全景影片需要在画面之内构建完整的叙事，并且需要留下足够的时间让观众来遍历整个场景，导致单个镜头的持续时间都较长，一般都在 10 s 左右，长镜头成为 VR 全景影片的基本组成单位。

5. 对字幕的新要求

传统平面影片的画面中，字幕可以起到解释、说明、强调、渲染内容等作用，将画面中隐含的信息表达出来并传递给观众。而全景影片中字幕对场景内的对象没有特定的指向性说明，其指向性变模糊了。在制作字幕时首先要考虑字母的位置，以保证观众在不同视角都能看到，还需要考虑字幕的形变。另外字幕信息不宜过多，避免引起场景内信息冗余形成视觉干扰。

第三节 全景视频的全新时间线

一、视域的革命：突破画框

全景影像与传统平面影像的重要区别之一是全景视域的变化。传统的平面视频呈现在二维屏幕里，投影或显示的影像是一块长宽比不同的矩形区域，观众通过这块有限的屏幕范围快速地接收信息。而在全景影像中，空间从二维拓展成三维形式来呈现，观看环境也是360° 环绕的场景，相当于把传统屏幕的长方形区域拉长，然后形成一个封闭的完整视野范围，观众从屏幕上接收的信息被分散到整个空间内。这样带来的最大体验变化是改变了人们观看时对边界的认知。在传统平面影像中，人的通感会帮助人认为视域的边界具有延伸性[1]，譬如人物从左边进入画面右边走出画面，在观众看来则表示该人物在屏幕视域之外也在行走，但这个屏幕外的行为是在观众脑海中发生的，是观众心理完形的情景。全景视频则将需要观众自己进行心理完形的状况减少，360° 无死角地展现场景，帮助观众看到所有的场景元素，当然视觉的满足也压缩了观众的想象空间。这种压缩想象的情况是否是对想象力的扼杀？我们可以从文学与传统影像的对比中得到类似值得推敲的答案：读者阅读时将从文字中感受到的内容、情节等在头脑中构建、想象，而且每个人的想象都不尽相同。传统影像进行详细的视觉化后，留给观众想象的空间也缩小了。在制作的过程中导演通过编剧、选角、拍摄、灯光、剪辑及镜头调度等创作手段将自己的主观意图“强加”给观众，从这个角度来看影像同样也“窄化”了文学作品。尽管如此，传统平面影像还存在一个画框，可以让观众遐想画框之外的空间，全景影像则进一步“吞噬”了画框以外的想象之地。

360° 的全景视域也会随之产生一个问题：观众视点跟随画面中的人物时需要时刻保持头部的运动，若人物发生了位移，观众则需要转动手机或转头才能看到。可见全景影像在观看的过程中增加了主动“寻找”的过程，而这个“寻找”过程本身是第一视角游戏的重要部分，尤其是以第一人称视角为主的枪战类游戏。从这个意义上看，全景影像更像视频与游戏的“合体”。戴上头戴显示器或一体机观看全景视频时，视野与裸眼的范围接近，观众同一时间内只能观看特定的角度范围。如果没有选择合适的视角，会错过全景场景内的关键视觉元素。观看传统平面影像则不存在这种情况，导演和剪辑师已将关键信息要素剪辑在屏幕（画框）

① 黄文杰 . 从“画框论”“窗户论”“镜像论”的演进看电影理论的发展 [J] 电影评介，2010（9）：58.

之内。因此传统视频、影片只需看一遍就几乎可以知晓内容，而全景影像可能需要重复观看，且在每次观看的同一时段选择不同的视点才能理解完整的故事情节。因而传统视频的观看过程就像河流的干流和支流的关系，而全景视频的观看过程则像思维发散图一样（图 2-9）。

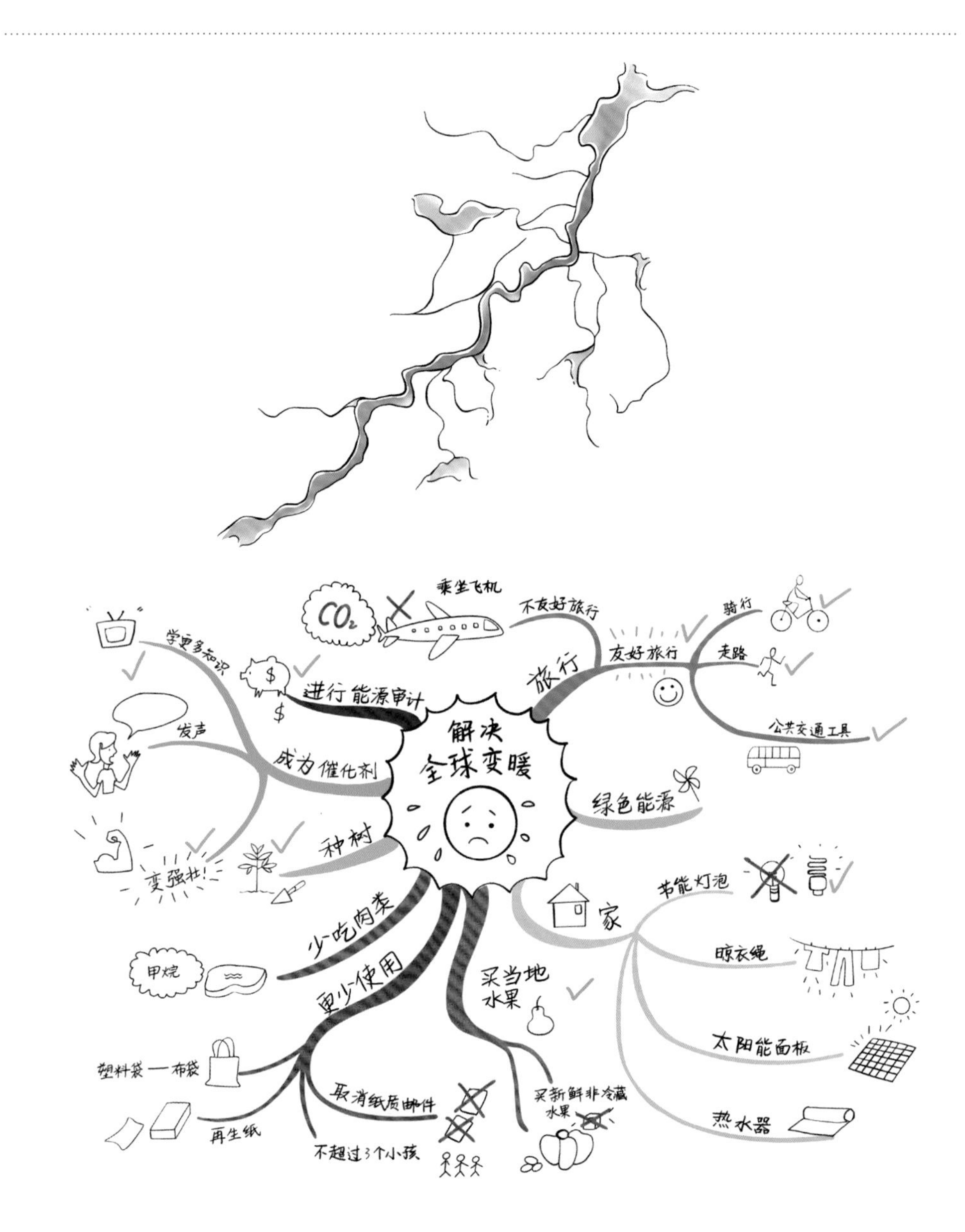

图 2-9　传统视频观看体验（上）和 VR 全景视频观看体验（下）对比

二、“沉浸感”成为一种视觉追求

沉浸感是全景视频相对传统平面影像的另一大区别。沉浸感作为一种主观感受，难以进行概念上的界定，用通俗的语言可描述为：“受众置身于虚拟环境中而忘记真实世界情境的感知程度，是强烈的正负情绪交替的过程。”[1]屏幕尺寸被不断提升，其中有一个巨大的动因是观众对于沉浸感的追求，屏幕越大沉浸感越强。屏幕尺寸提升到一定程度后受到了成本控制的影响，除此之外传统的观看方式也制约了沉浸感的进一步提升。影院大荧幕或电脑显示器的位置和角度都是相对固定的，观众在观影过程中无法改变视点。VR 头戴显示器则完美地解决了这一问题，将虚拟场景与人头部的方向转动结合在一起，增加真实感的同时沉浸感也得到极大提升。“自由视角的全景影片专为移动终端而生”的结论对于手机端而言是完全正确的。

手机屏幕和大荧幕一样，都存在变大或者拉长的趋势。智能手机屏幕对角线长度从 7.6 cm（3 in）发展到现在的 15.2 cm（6 in）以上，可见人对宽广清晰影像的偏爱。大荧幕的比例从 4 ：3 发展到 16 ：9，像素高宽比也发展为 1.85 ：1，再到后来的 2.35 ：1，这样直接扩展了横向视域，当然这符合“人的观察对象多数情况下总是处在视平线附近”的理论。屏幕尺寸的扩大，可以看出人们一直追求尽量纯粹的视觉体验，努力抛开任何与剧情无关还可见的画面元素。在影院中，黑暗的环境是掩盖无关内容的直接手段，但巨大的黑暗空间也将人的视野范围限制在荧幕范围内。同时黑暗区域也存在于荧幕周围，巨大且空洞。全景影像则让黑暗无所遁形，观众的视觉范围真正进入纯粹的境地（图 2-10）。

① 王楠，廖祥忠．建构全新审美空间：VR 电影的沉浸阈分析［J］当代电影，2017（12）：117.

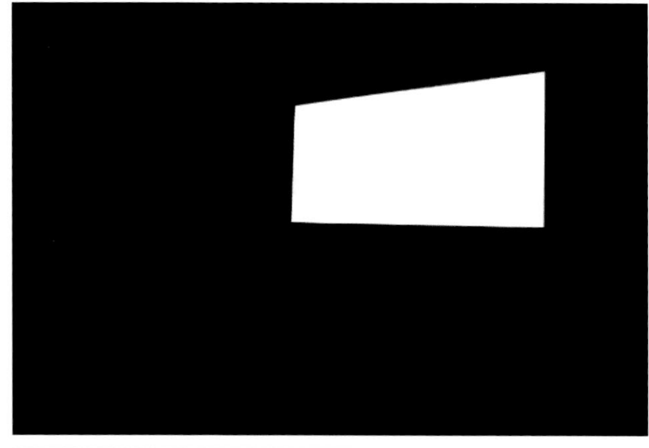

图 2-10　传统视频（上）和 VR 全景视频（下）中“黑暗”的对比

在传统影像中，视域与沉浸感是正向关系，视域越大则沉浸感越强。此处的视域并非屏幕的绝对大小，而是指占据视野的比例大小。但是“传统影像依赖画框，全景影像消除画框”，传统影像的视域不断扩大，从时下 VR 全景显示设备的流行和其接受度逐渐提高的大趋势来看，观众需要的是以逼真气氛为中心的沉浸感。

第三章
VR 全景视频的前期拍摄

第一节　全景视频的呈现形式

在推动传统平面影视向 VR 全景视频发展的进程中，VR 全景视频技术是重中之重。VR 全景视频系统制作流程为：首先使用一体式的全景摄像机进行实景拍摄，其次对多路视频进行缝合处理，接着对展平的全景素材进行后期剪辑，最后输出、发布。观众使用 VR 头戴显示器观看 2D、3D 全景视频，通过手柄、头部和身体的姿态或位置与全景音视频进行交互，实现不同视点、不同视角的视频内容和来自不同方向的声音体验。

一、全景拍摄是 VR 内容采集的基础

三维图形建模与制作耗时费力，相比之下全景拍摄作为 VR 视频内容获取的主要手段，其优势是快速便捷，且成本较低。目前全景摄像的拍摄过程依然存在一些挑战。首先，全景摄像机的分辨率大大超出了传统平面视频摄像机的分辨率。传统视频的平面画面视角为 120°×60°，全景视频则是 360°×180°，前者的面积约为后者的 1/9，当全景摄像机的分辨率达到 4K 以上才能实现人眼观看的清晰效果。其次，鉴于全景摄像机多是固定焦距，在采用固定机位拍摄远距离场景时不具有传统长焦镜头的特写及放大功能，具备 8K 乃至 12K 的超高分辨率才可满足看清远处人物面孔的需求，但是 8K、12K 分辨率受到解码、压缩、存储、传输等技术条件的限制，目前无法完全商用。

二、缝合是 VR 全景视频质量的关键

得到全景摄像机拍摄的多路视频素材后，首先需要拼接校准，将多个镜头拍摄的视频缝合成一个完整的全景视频，经过剪辑、调色、输出等一系列完整制作后提供给用户。缝合需要处理好多镜头画面接缝、光照融合一致性等技术问题，它的好坏直接决定了最终输出的全

景视频内容质量。全景视频缝合完成后进入下一步的后期制作，包括接缝修复、补洞、调色、Logo 植入、字幕、动画等特效制作。

业界已经有一些相对成熟的全景视频拼接软件，比如 Kolor、VideoStitch、AutoPano、Nuke 等，其中 Nuke 系列软件具有非常强大的相机位置估计、三维点云数据建模、拼接修复、漏洞抹除等高阶功能。还有一些用于全景拼接、渲染的开源软件开发工具包（SDK），例如，谷歌的 Cardboard VR SDK、傲库路思 VR SDK，脸书的 Surround360 相机 SDK 等都提供了开发支持库。谷歌的 Jump VR 全景相机可以拍摄立体的全景视频和图片，其拍摄的过程用到了 16 个摄像头，其中 8 个镜头拍摄左眼视角，剩余 8 个镜头拍摄右眼视角，后期使用 Nuke 软件能生成左、右眼对应的全景图（同样对天空和地面区域需要进行特殊处理，同时要消除视差）。Jump VR 拍摄得到的视频画面不仅是全景，还具有强烈的立体感，让用户可以进行三维虚拟现实般的全景视频拍摄与观看体验。全景拼接编辑通过图像处理和艺术加工可获得高质量的视频内容，而这些都需要强大易用的软件算法支持。

三、编码是 VR 全景视频流畅性的挑战

VR 全景视频缝合制作完成后，如果需要经由媒体平台发布，压缩码率和网络传输条件对其是很大的挑战。目前互联网 1080P 全尺寸高清视频可以实现播放流畅，其压缩码率大约 3.5MB/s，可以看作目前互联网的码率上限。2K 甚至 4K 的全景视频至少需要 4MB/s 的码率，否则在线观看时会出现画面卡顿，影响观看体验。在视频画面大小方面，全景图像默认为矩形球面全景图格式，横轴为水平角（0~360°），纵轴为垂直角（-90°~90°），图像的长宽比为 2 ：1（图 3-1），3D 360° 全景一般采用左右眼全景图，使用上下拼接方式，画面长宽比为 1 ：1；3D 180 ° 全景采用左右眼全景图的左右拼接方式，画面长宽比为 2 ：1。

图 3-1　全景画面平铺模式的画面比例

四、显示技术决定用户沉浸感

全景视频需要借助逼真的显示技术才能呈现给用户，可以借助头戴显示器、VR一体机、真三维立体显示、全息幻影、弧幕、环幕、球幕等显示方式。头戴显示器是VR中典型的显示设备。头戴显示技术很好地解决了VR沉浸感和眩晕的痛点，它与观众的视角、显示分辨率、画面刷新率和声音等因素关系紧密。2015年暴风魔镜发布的第一代产品视角仅有60°，较窄的视角让体验者像使用望远镜一般，能够看到的画面范围有限，且画面外周边都是黑场。人眼的视角为120°左右，到2016年市面上的多数头戴显示器都达到了110°的视角，基本覆盖了人眼的视野。

有些人使用VR头戴显示设备时会产生眩晕感，就硬件而言主要是由光学系统适配和刷新率等因素引起的。首先，使用头戴显示器时需要用户个体进行适配，就如戴一副新眼镜需要调节镜片的瞳距、像距、散光和色散等参数。其次，和刷新率有关，头部转动时速度较快，因此头戴显示设备屏幕的刷新速率需要达到90 Hz以上，这样才能保证头部姿态改变后的画面刷新速度跟上快速改变后的视角。刷新率目前较好的是Sony PS VR头盔，帧数率超过了110 Hz，用户在头部运动时会感觉虚拟背景是相对静止的。第三个因素是全景声，例如杜比全景声（Dolby Atmos）技术记录全景声音。头戴显示器的全景声音的主要解决方案是使用耳机，采用HRTF（Head Rotation Transformation Function）技术消除声音的方向与用户头部的相对运动引起的冲突，帮助用户在虚拟场景中看到视觉对象的同时听到方向一致的声音。

头戴显示设备目前已日趋成熟。Oculus Rift、Gear VR等头戴显示器已发展到第三代，可实现100°视角、90 Hz刷新速度、2K分辨率。HTC Vive头戴显示器在达到100°视角、90 Hz刷新速度的同时，通过光塔技术（Light House，类似GPS定位原理）和物理方式能够非常稳定地计算出头部和手柄在空间的位置或姿态，进而实现VR视频和游戏的自然交互（图3-2）。索尼PS VR头戴显示器实时性非常好，可以很好地消除眩晕感（图3-3）。

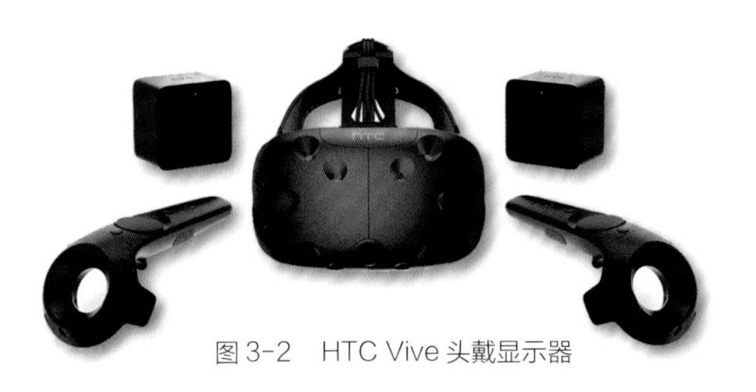

图3-2　HTC Vive头戴显示器

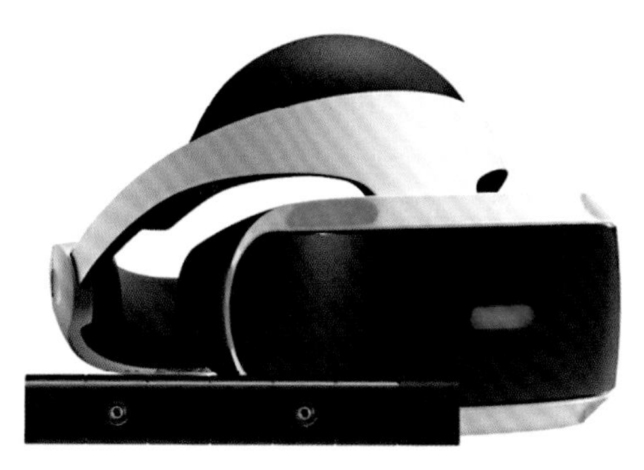

图 3-3　索尼 PS VR 头戴显示器

傲库路思、HTC Vive 等头戴显示器轻便、可移动，需要连接 PC 机，以获得强劲的视频、游戏处理速度，但在使用过程中由于头盔与电缆相连，带了一条长长的电缆尾巴，导致便捷性降低。HTC 等公司正在开发无线方式连接主机的头戴显示器和 PC 机，将是一种不错的折中方式。Gear VR 使用三星 S7 edge 等高端手机作为显示与处理设备，能够解决成本和便携移动的问题，但在头戴显示器适配手机的型号以及减轻重量上存在限制（图 3-4）。

未来头戴显示器向一体机发展是大势所趋，将在专用芯片最佳匹配参数设计和移动性等方面占有优势，但是目前受限于芯片速度、功耗、价格等问题，需要等待整个 VR 芯片行业的成熟。

图 3-4　三星 Gear VR 头戴显示器

五、自然交互让 VR 更加有趣

人机交互是指人与计算机之间的信息交流。传统的人机交互主要使用键盘、鼠标、手柄完成信息输入，图形显示器、音响等设备则用于实现信息输出。在虚拟现实系统中则需要使用视觉、听觉、触觉、姿态、表情、手势等多种全新的感知交互技术。VR 交互可以使用头戴显示器设备的摄像头完成视觉识别，麦克风用于识别用户语音，陀螺仪、数字手套、动作捕捉器等复杂的传感器用于姿态捕捉与运算，同时在虚拟场景中操控物体并感受反作用力。以上这些全方位、多通道的交互方式使得用户摆脱了“旁观者”身份，完全沉浸到虚拟世界中感受身在其中的互动乐趣。在 VR 交互中头部、眼睛、手势、肢体动作等姿态定位是最基本的功能，这些动作可以用来操作菜单、选择不同方位和视角，以及驱动虚拟人物等。

姿态定位分为外向内定位技术（Outside-in Tracking）和内向外定位技术（Inside-out Tracking）两种方式。外向内定位方法通过实际环境中的外部设备来定位头戴显示器的姿势和位置。例如，HTC Vive 的头盔和手柄上有很多小的红外线接收器，可以接收来自房间中固定位置部署的光塔发出的信号，通过类似 GPS 的定位原理来精确定位，该定位方法性能稳定，可达到毫米级的精度，特别适合多人在同一虚拟环境中的互动（图 3-5）。

Oculus 则假想用户坐在 PC 机附近，通过在面前放一个摄像头或使用类似光塔的设备进行定位。内向外定位方法则是通过头盔自带的传感器向外部环境观看，利用视觉跟踪 SLAM 技术来定位并以陀螺仪和加速度计传感器辅助定位，该方法的精度目前存在漂移等不稳定的问题，但无须光塔等外设，更加适合单人使用，操作便捷（图 3-6）。为了与 VR 中的景物互动，除了姿态、位置的考虑，还需要手势跟踪和动作捕捉来交互。

图 3-5 HTC Vive 的定位方法（适合多人同时使用）

图 3-6 Oculus 的定位方法（适合单人使用）

六、内容制作是 VR 发展的灵魂

越优良的 VR 设备，越需要丰富精彩的内容，以便为用户提供 VR 体验和服务。目前 VR 内容主要是 3D VR 游戏和 VR 全景视频两部分。传统视频存在视觉边框，要靠摄像机推拉摇移，后期剪辑的蒙太奇技术来协助完成叙事和加工，观众跟随导演的“安排”观看指定画面。VR 全景视频本身消除了边框，眼眶取代了画框。VR 影像作品与戏剧更接近，观众可摇头走动，随心所欲地转换想要的视角，这也对 VR 全景影片的拍摄制作提出了挑战。譬如拍摄中如何减少背景的杂乱，如何切换机位和镜头，如何使用交互改变叙事等。为了剔除杂乱的背景，目前有的解决方案是使用绿幕进行拍摄，后期抠像将绿幕替换实景或虚拟场景（图 3-7）。

图 3-7　绿幕抠像技术的应用

关于镜头的移动，可以在同一个拍摄场景中将 VR 全景摄像机吊威亚，以此模拟观众的第一视角，表示场景镜头跟随剧中人物的运动而运动，用这种方法拍摄的长镜头能提供流畅的 VR 全景体验，满足情节的发展和互动要求。VR 技术日趋成熟，但发展空间依然巨大。首先，头戴显示器设备等需要更加轻便、舒适，保证用户的良好体验。其次，需要更快速高效的网络条件传输高码率 VR 全景视频，保证用户体验的流畅感。第三，除了使用手柄交互，还需要发展譬如视觉、听觉、触觉、力学反馈及身体姿态等丰富的感知系统。第四，VR 内容不能局限于游戏和视频领域，新闻、电商、旅行、教育、医疗等领域也需要加大投入来开发更加丰富优质的 VR 内容。最后，VR 相关产业还需要尽快制定软硬件及相关视频制式的标准，以使软硬件继承和内容传输播放更加兼容和专业化。

第二节 全景视频的拍摄流程

在百余年的发展历史中，电影制作的主要流程并未改变，包括前期拍摄和后期制作两个主要环节。这两个环节间的数据传输至关重要，无论胶片电影还是数字电影，前期拍摄得到的素材都会交付给后期制作环节，用于剪辑、调色、特效制作等制作工序，前期拍摄得到的素材称为源文件（图 3-8）。

图 3-8 传统视频制作过程中摄像机直接生成源文件

拍摄制作传统影片的硬件设备、软件系统及制作流程等都已经十分完备，目前在数字电影中 2K、4K 素材可以进行画面实时监看和回放。相对而言，VR 全景视频是较新的视频制作和观看方式，配套硬件和软件也不够完备。入门级的影视全景摄影机至少需要 6 个镜头、输出至少 8K 分辨率的素材才能满足后期制作的需求（图 3-9）。在全景视频拍摄过程中，导演、摄影师、灯光师等幕后人员为避免出镜需要进行隐藏和适当伪装，因此对实时监看提出了更高的要求，同时便于发现画面中容易出现的接缝或穿帮问题（图 3-10）。

目前全景视频的实时监看多采用两种方式：第一种方式是使用运动相机、监控镜头等小型摄像机搭建图传系统，但这样只能提供整体布局的画面，不能监看全景摄影机拍摄到的场景；第二种方式是直接使用全景摄影生成另外一种质量较低的实时拼接画面，便于导演和摄影师监看时及时发现并解决问题。

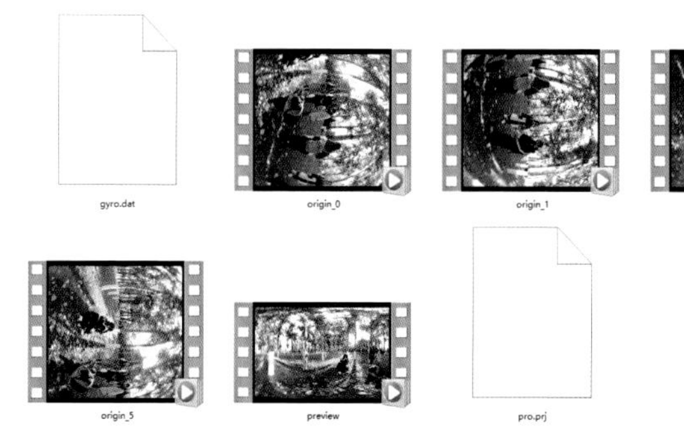

图 3-9　六目全景摄像机生成的单个视频和其他文件

图 3-10　全景画面中人物面部的接缝错误

不论采用何种监看方式，全景摄影机的不同镜头拍摄的原始画面都是分别存储的，后期利用光流算法等工具完成拼接，再生成可用于后期制作的源文件。因此全景视频的源文件是指经过高精度拼接后生成的全景视频文件。换言之，在全景视频制作过程中，前期拍摄既包括拍摄，又包括拼接（图3-11）。

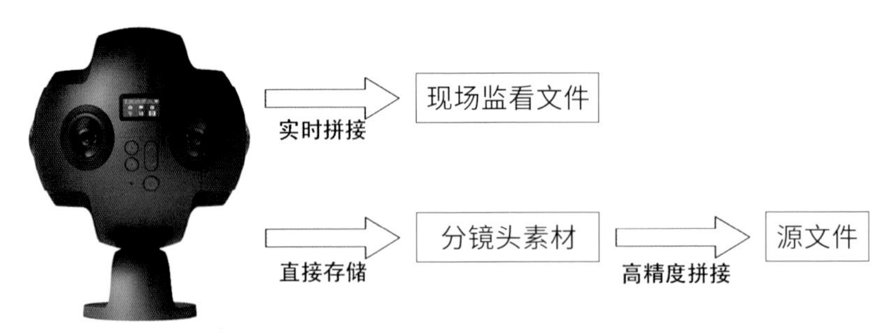

图3-11 全景视频制作过程中完成拼接缝合产生源文件

VR全景视频可提供水平360° 和垂直360° 的画面，导演通常希望有一个主要的画面（视点）用于推进情节发展，这个方向称为正向。那么全景视频的后期制作中先要解决正向的调整问题，既包括单镜头的正向调整，还要兼顾镜头切换时的正向一致性，减少观众因为寻找正向而产生的头部运动，从而提升观看舒适性。中影集团华龙公司搭建了一套以剪辑为核心的全景视频摄制工艺流程（图3-12）。

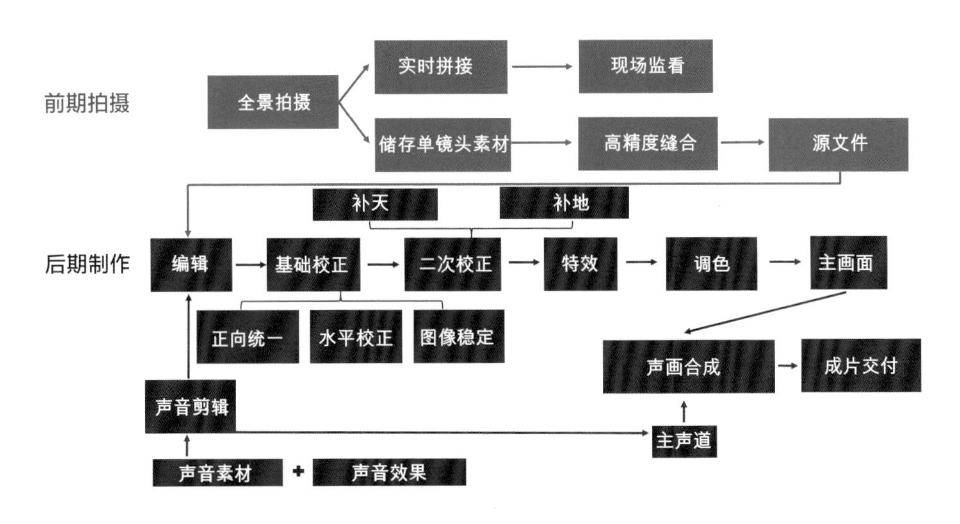

图3-12 VR全景视频制作流程

VR 全景视频的前期拍摄、录制流程与传统平面视频流程并没有太大的差别。第一步，编写剧本；第二步，分镜头绘制，寻找参考素材；第三步，针对拍摄计划进行技术分析制订最优方案，对拍摄进行可行性判断；第四步，决定拍摄使用的设备、拍摄方法、地点和时间等；最后，进行正式拍摄，拍摄完成后整理和备份素材，并进行后期处理（图 3-13）。VR 全景视频的特殊性要求拍摄者充分了解全景视频拍摄制作的流程，这也是 VR 全景视频拍摄的关键。

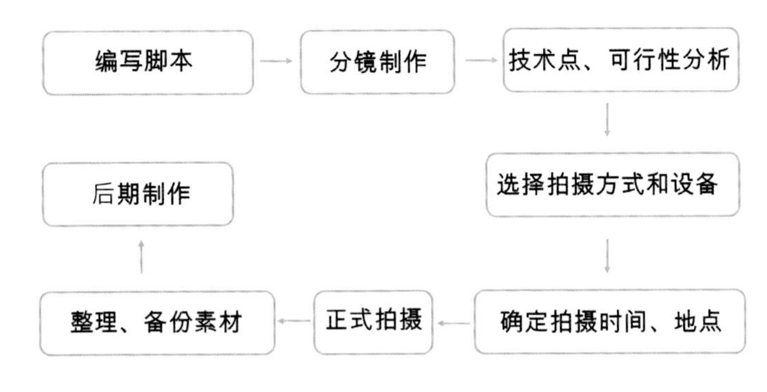

图 3-13　VR 全景视频拍摄制作流程

一、编写和制定脚本

脚本编写是 VR 影片创作的第一步，脚本是导演表述创作意图最具代表性的元素，同时也是 VR 全景影片的形式与风格的构架，因此脚本需要使用书面文本具体表达，以便实际拍摄时有操作依据可循。在我们支起全景相机之前，需要弄清楚拍摄对象、拍摄重点，以及拍摄的核心对象如何避免接触明显的接缝，这些都将直接影响最终成像效果。

比如，剧本设定中需要拍摄场景空旷的草地，没有明显的景别区分。全景摄像机所在的位置光影环境简单，不需要进行大量的后期修补工作，那么架设全景相机后是否可以直接开拍？剧本设定中需要拍摄热闹的集市，场景中人来人往，是否需要考虑画面中安全距离和人物经过接缝的问题？剧本设定中需要拍摄运动员冲浪的运动镜头，需要解决手持自拍杆、画面抖动还有浪花镜头的问题，这些都该如何应对？

二、确定拍摄方案

确定拍摄主题后需要明确拍摄的需求：VR 全景影片是偏向沉浸式视频还是场景体验，抑或行业应用的解决方案。根据拍摄主题制订拍摄计划，同时依据内容确定拍摄周期。正式开始拍摄前，依据对项目进度的初步规划制定时间表，把握整体的拍摄节奏，时间表需要具体到场景选择和拍摄的各个阶段。根据编写的脚本对场景的镜头表现方法和应用进行判断，并将个人思路与团队创意充分地结合起来。

三、准备相机与支架

确定拍摄方法和内容后，需要根据实际情况准备 VR 全景相机和支架。不同种类的 VR 全景相机优缺点各不相同，充分了解每种全景相机的特点，便于提供更多拍摄选择，优化拍摄流程。VR 全景视频的创作需要面临两方面的挑战：技术实现和情感表达。技术实现包括 VR 全景相机的移动、手持设备及稳定器的使用、拍摄过程中场景转换如何预先处理等。情感表达包括如何展开剧情并使其丰富饱满、怎样向观众传递现场情绪等。

四、固定三脚架或连接手持杆

拍摄前需准备 VR 全景相机和支架，根据剧本的拍摄需求，将全景相机连接在三脚架、手持杆、飞行器、吸盘等支撑设备上（图 3-14）。这需要引起足够的重视，不论使用何种支撑设备，都要将全景相机牢牢固定，避免出现晃动甚至旋转的情况，否则拍摄过程中会出现不必要的画面摇晃，进而影响后期缝合。

图 3-14　不同的支撑设备适合不同的拍摄场景

五、开机拍摄

VR 全景相机、支架和支撑设备准备完毕便可以开机拍摄。使用 Wi-Fi 无线遥控，或者手动点击录制按钮的方式均可。为了便于后期制作，VR 全景视频录制过程中应该尽量减少开机录制和正式采集有效画面之间的时间差，因而推荐使用 Wi-Fi 无线遥控的方式控制相机（图 3-15）。

图 3-15　使用 Wi-Fi 对全景相机进行控制和监看

六、全景监看

得益于技术的进步，目前 VR 全景视频录制过程中，可以做到和传统摄影摄像一样的实时监看。譬如 Nokia OZO Remote 和 Insta360 pro 的电脑程序以及手机 APP 都支持在线实时监看（图 3-16）。

图 3-16　开启 VR 模式监看的截图效果

七、挖掘有看点的题材

2017 年艾美奖颁奖典礼，美国前总统奥巴马与 VR 影视公司 Felix & Paul 合拍的 VR 全景纪录片《总统府邸》(*The People's House*)(图 3-17) 荣获“最佳原创互动节目”奖项，这是 VR 纪录片第一次获得这一殊荣，整部影片的内容是与奥巴马夫妇一起逛白宫。

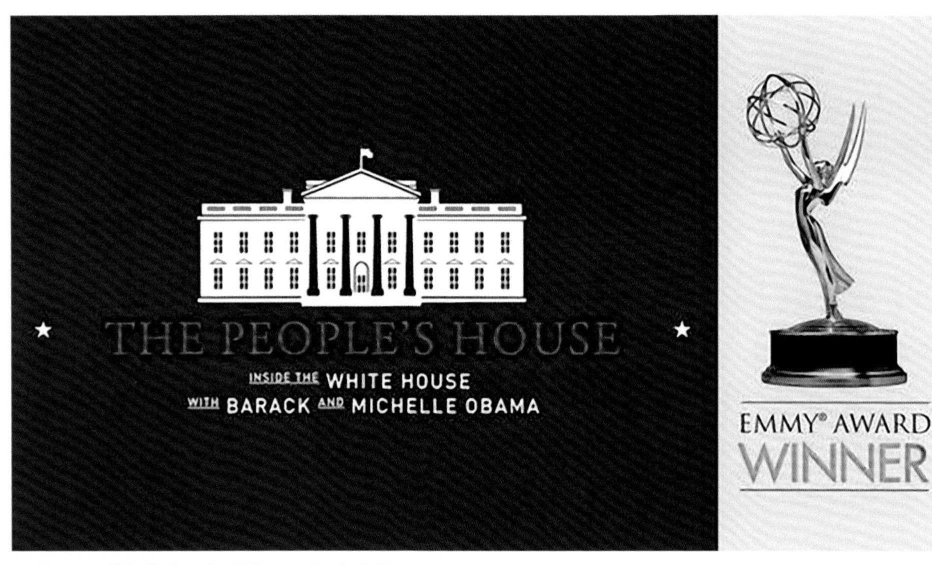

图 3-17 《总统府邸》获得国际知名大奖

第三节　全景视频的拍摄设备

一、VR 拍摄设备的级别划分

不同的 VR 拍摄设备可以根据不同的应用场景进行划分。根据产品的性能、价格以及使用场景，将 VR 拍摄设备划分为 3 个级别：消费级、商业级、影视级。

1. 消费级

消费级全景摄像机适用于拍摄制作简单的展示或自制 VR 视频，价格便宜且易于操作，一般为双目或多目，可以进行全景画面的实时预览和机内缝合，但无法进行十分专业的参数设置，且画质不高。目前，小米、小蚁、理光、Insta360 等品牌都有这类产品，可用于拍摄制作简单的 VR 视频（图 3-18）。

图 3-18　消费级的全景摄像机

2. 商业级

现在主流的商业级全景摄像机都采用一体机的形式，这类全景摄像机具备优秀的底层算法，且需要复杂的后期制作。画面整体效果明显高于消费级设备，可用于拍摄 VR 全景广告片、纪录片、商业短片等，能够满足商业用户的需求（图 3-19）。譬如脸书 Surround 360 配备 17 个摄像镜头阵列，机身周围有 14 个广角摄像头，其软件可以实现 360° 图像录制和捕捉并自动进行缝合。同时该机型采用了全局快门，可以有效避免某个快门单独关闭而产生的画面缺陷。

图 3-19　商业级的全景摄像机

3. 影视级

电影级的专业 VR 影视团队使用的是定制生产的套件设备，操作复杂，后期缝合和制作流程效率低，但画面效果最佳（图 3-20）。

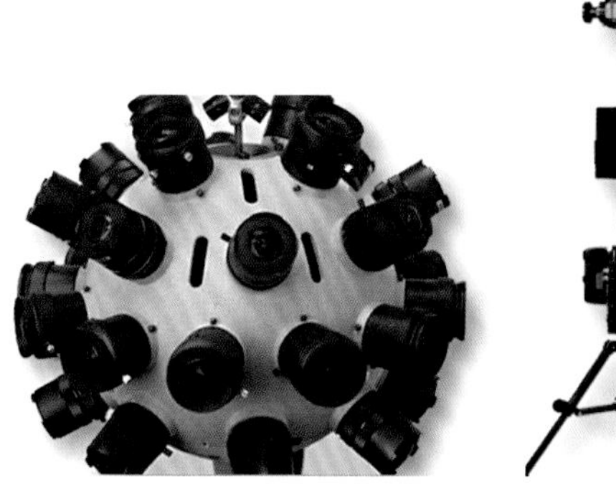

图 3-20　影视级的全景摄像机

二、全景相机的种类

1. 少目类

通常双目或双目以内的全景相机均称为少目类全景相机，包括一个镜头的单目类和两个镜头的双目类。单目类的全景相机品牌、型号都较少，目前具有代表性的单目类包括柯达（Kodak）的天眼全景相机（PIXPRO SP360）和凯眸（Camorama）全景相机。实际上单镜头的 PIXPRO SP360 是一个超广角的相机（拍摄范围 235° ），单个镜头难以涵盖完整的 360° 全景范围。一般情况下，需要两个镜头配合使用以覆盖完整的 360°×180° 全景（图 3-21）。双目类的全景相机则比较丰富，多采用背靠背的前后结构模式。这一类全景相机具有体积小、质量轻、结构简单、方便携带的特点，这一特征使得双目类全景相机受到个人用户的青睐。除此以外，大部分双目类全景相机支持硬件缝合，即机内缝合，输出的全景图片和视频直接缝合完毕，能够节省大量的后期工作时间。

THETA S360 是理光旗下的一款双目全景相机，它采用两颗焦距 10 mm 的 180° 鱼眼镜头，无须对焦，一键拍摄。同时拥有相对应的 APP，可以通过手机预览和控制。这款全景相机可以拍摄和记录 4K 的照片和视频，机内硬件缝合，自动解决画面曝光差异等问题，是一款光学素质比较均衡的双目全景相机（图 3-22）。

图 3-21 柯达天眼全景相机（PIXPRO SP360）及背靠背的组合方式

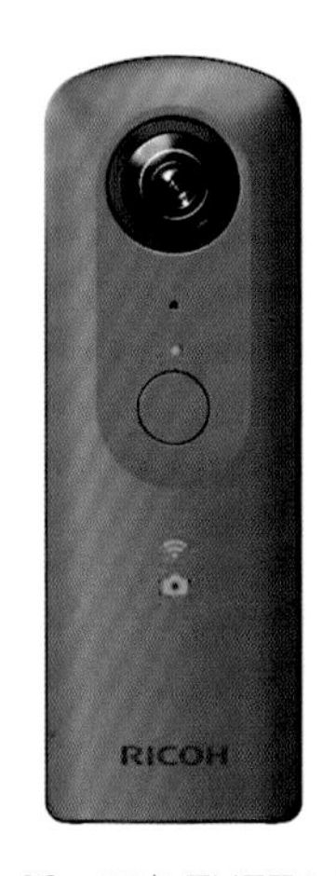

图 3-22　理光 THETA S360 双目全景相机

2. 多目类

镜头数量超过两个的全景相机可归为多目类。多目类全景相机的镜头数量没有明确限制，从 3 个、4 个、5 个到常见的 6 个、8 个、10 个，甚至更多。按照组装方法，多目类全景相机分为组装类和一体机两类。组装类指全景相机由多个相机镜头和全景支架组成，具有结构简单、搭配灵活，易于拆装的特点，代表机型有 GoPro 系列全景相机、强氧第二代全景相机等。机身一体化的全景相机由一个机壳整体构成，将镜头、供电、电路板、存储设备等集成在机壳之内。此类相机的代表型号有诺基亚 OZO（已停产）、Insta360 Pro 和强氧科技第三代全景相机 Argus （图 3-23）等。

1）GoPro 系列组装类全景相机

组装类全景相机使用最多的当属 GoPro 运动相机搭配全景支架。之所以用户众多，一方面因为 GoPro 本身兼具优秀的图像解析力和轻巧的体积两个特点，另一方面因为与 GoPro 配合使用的全景支架制作成本低廉，可以使用 3D 打印或者直接购买。6 台 GoPro 的搭配全景支架是比较常见的机型，能够涵盖前、后、左、右、上、下 6 个拍摄面，满足 360° 全景拍摄和录制的需求。

除了 3D 打印全景支架和模具之外，GoPro 官方也推出了基于 GoPro Hero 4 Black 的全景相机 Omni。Omni 的结构与使用支架的全景相机相比并没有太大的变化。由 GoPro 组合而成的全景相机，其优缺点都很突出：优点是成像效果好，体积小，配件多，自定义能力强；缺点是发热量大，散热差，容易死机，续航时间短（图 3-24）。

图 3-23　强氧科技第三代三目全景相机

图 3-24　GoPro Hero 4 Black 全景支架（上）与 GoPro 全景相机 Omni（下）

2）强氧第二代全景相机

强氧第二代全景相机由强氧科技公司自主研发，它采用 10 台运动相机，搭配自主设计的菊花式散热全景支架，可录制拍摄 4K 分辨率的全景视频，同时能进行 4K 分辨率的全景直播。强氧第二代全景相机的结构包括水平方向的 6 个镜头，上下方向各 2 个镜头。这种结构让水平方向的镜头间有更多的画面重合，有利于后期缝合和数据处理（图 3-25）。它的整体散热和续航能力也比较优秀，可实现连续 3 h 的全景视频录制和直播，使用外接电源时可以进行超过 24 h 的全景视频录制和直播。

3）强氧第三代全景相机

强氧第三代全景相机也是由强氧科技公司自主研发，该机型使用多个大尺寸感光元件，首创性地应用了可更换的电影级摄影镜头，极大地提升了 VR 全景视频的画质。该机采用一体化机身设计，统一供电，拍摄录制开关也进行了统一性整合，结构上有三目和九目两种镜头配置，可实现录制和直播 4K、8K 分辨率的 360° 全景视频（图 3-26）。

图 3-25 强氧科技第二代全景相机

图 3-26 强氧科技第三代全景相机

3. 立体类

上文所述的多目类全景相机均不是立体 3D 相机，只是平面的全景相机。根据 VR 的概念，有景深的全景视频才属于真正意义上的 VR 范畴。

立体类全景相机可以拍摄带有景深的 3D 全景视频。通常而言，立体类全景相机的镜头数量较多。为了模拟人眼可见的场景，需要进行立体拍摄，因此需要双倍的镜头数量。举例来说，一般的 GoPro+ 全景支架的组合设备拍摄普通平面的全景视频，需要 6 台 GoPro 运动相机，而拍摄立体的全景视频则需要 12 台 GoPro 运动相机，并且使用的全景支架也不同(图3-27)。目前成熟的立体类全景相机机型并不多，比较知名的是 Google 研发的 JUMP VR、强氧第三代立体全景相机、Jaunt VR 等 (图 3-28) 。

图 3-27　360Heros 3D 立体全景支架

图 3-28　Jump VR 全景相机 (左) 与 Jaunt VR 全景相机 (右)

三、云计算类全景相机

按照素材的处理方式来划分全景相机的种类，可分为三种：硬件缝合、离线缝合和云缝合。硬件缝合指全景相机在摄像机内部即可完成缝合，输出的画面是已经缝合好，调整完曝光差异等参数的全景视频。这一类大多是少目类全景相机，以背靠背的双目类相机居多，可以为使用者节约大量的后期处理时间。离线缝合是目前多数全景相机采用的模式，这类相机使用多个镜头进行拍摄，得到素材后，可进行离线缝合的运算和处理 (此类相机依靠相应的处理软件进行缝合和处理) 。这类相机包括 GoPro 系列全景相机、强氧第二代和第三代系列全景相机、insta 360 Pro 、Nokia OZO 等大部分全景相机。云缝合是一个新概念，指拍摄得到的素材在云端进行缝合处理，并且无须人工操作。Google 的 Jump VR 以及 Jaunt VR 都采用这种方式来制作 360° 全景视频，其算法是核心内容。这类相机的缝合效果是最好的，几乎没有缝隙断裂等问题。

四、拍摄配件

除了画质，全景视频的另一个拍摄难点是如何有效地避免画面抖动。画面抖动是观众看全景视频产生眩晕感的主要原因之一。在传统二维视频的后期环节中，消除镜头抖动的主要方法是运算完画面跟踪后将边缘进行裁剪，保留主要画面（稳定的画面）。如果在全景视频素材中针对单镜头视频使用以上方法消除抖动，再进行缝合的话，容易使画面产生严重畸变。但是全景视频完成缝合后成为一个球面整体或展平的全景画面，此时不能再进行裁剪的操作，因此只能使用画面形变的方式来消除抖动。2016 年，脸书发布了一套全景视频后期处理消除抖动的算法，但现在仍处于测试阶段。目前最有效的全景视频消除抖动的方法是前期拍摄过程中尽量保持画面稳定。

根据拍摄脚本要求和拍摄场景的具体情况，为消除全景摄像机抖动需要使用三脚架、稳定器、遥控拍摄车、无人机等设备。

（1）静态拍摄——使用三脚架。拍摄时无关人员需要离场，且操作人员距离摄像机有一定距离，因此三脚架需要具有足够的质量和稳定性，避免在大风等极端天气状况或其他无法预测的干扰出现时，造成设备倾倒引起损坏。同时三脚架每条腿的角度需要进行调整，以适用于多种拍摄场景。三脚架的张开角度还能减少后期修复地面的工作量（图 3-29）。

图 3-29　使用三脚架进行静态拍摄

（2）平坦地面的移动拍摄——使用遥控拍摄车。遥控拍摄车需要具有较长的续航时间和较远的遥控距离，同时还需要具备减震部件，以避免云台震动引起的画面抖动（图 3-30）。

（3）不平坦地面的移动拍摄——使用稳定器。稳定器用于地面不平整且必须移动拍摄的情况，可依据场景需求采用人员手持稳定器或遥控车上安装稳定器的方案（图 3-31）。

（4）空中拍摄——使用无人机。影视级全景视频摄影机通常重量较大，因此要求无人机具备较大的起飞质量和飞行稳定性。另外，由于摄影机可拍摄水平 360° 全景，还应注意避免无人机螺旋桨、支架等进入画面（图 3-32）。

图 3-30　使用遥控拍摄车进行全景视频拍摄

图 3-31　使用稳定器进行移动拍摄（会出现较大遮挡）

图 3-32　无人机搭载小型全景摄像机，可进行空中拍摄

第四节　一体式全景摄像机的操作方法

一、相机准备阶段的注意事项

1. 相机参数设置

拍摄之前需要完成一系列的准备工作。其中最重要、最基础的一点是确保相机参数设置正确。现阶段使用一体机录制 360° 全景视频会顺利很多，可以节省大量的后期处理时间。同品牌的全景一体机都配置有相应的后期缝合和处理软件，而大部分专业缝合软件和插件兼容大部分通用全景相机的预设。譬如，Nuke 中的插件 Cara VR 就支持以 GoPro 为代表的 Freedom 360 系列全景相机到诺基亚 OZO 全景相机。然后按照剧本的需求，设置相应的拍摄分辨率、帧数率（f/s）、画幅比等基础参数。

2. 相机电池情况

关于全景摄像机的电池使用注意事项，不同品牌的设备有不同的电池解决方案。主要归纳为以下几点：①拍摄前保证电量充足；②根据拍摄时长准备充足的备用电池（图 3-33）；③准备移动电源用于连续拍摄的情况下续航。

图 3-33　为了满足长时间拍摄需求，需要准备备用电池

3. 相机内存卡

目前全景相机多数使用 TF 内存卡或 SD 内存卡作为储存介质。拍摄前应注意:

（1）存储卡容量需满足拍摄时长的要求。譬如，使用 GoPro Hero 4 Black 在 4 ∶ 3 标准比例， 2.7 K 的分辨率下录制视频，9 min 左右的数据量大约为 3.73 GB，相机会自动分段。理论上 16 GB 的存储卡只能拍摄 38 min。

（2）检查全景相机能否正常读取 SD 卡，有无读取错误（SD ERROR）等警告。

（3）拍摄前对存储卡进行格式化是个好习惯。首先能够释放存储卡空间，其次可以保证素材的编号是按序排列。存储卡格式化后进行的录制和拍摄相对比较稳定。给存储卡贴上标签，将编号和全景相机进行关联，方便后期素材整理与备份，这一操作是非常重要的。鉴于全景相机的特性，其素材数据量庞大且结构复杂，所需的存储卡的数量是传统摄影的 6 ~ 10 倍（图 3-34）。

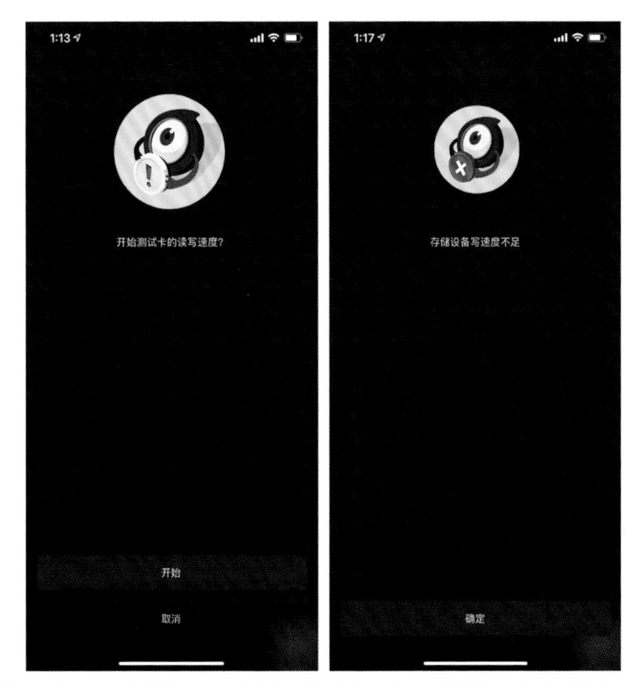

图 3-34　Insta 360 Pro 需要使用大容量存储卡，其 APP 还自带测速功能

二、相机拍摄阶段的注意事项

正式的拍摄阶段需要注意的事项比准备阶段更多。谨记“前期可以解决的，不要留到后期”。在前期拍摄阶段适当使用一些技巧，可以减轻后期的工作量。譬如，三脚架的位置会影响后期补地、相机朝向、影像拍摄主体，以及后期缝合等。

1. 相机高度

一般情况下，拍摄视角的选择是以正常人的身高标准进行的，以此来模拟人的正常站立视野（Standing View），其高度范围常见值是 160~170 cm。具体数值需要实事求是地调整，根据全景视频项目的观看群体进行改变。男性通常略高于女性。另外，常见的坐高范围为 90~110 cm（图 3-35）。其他的特殊高度也需要根据具体情况来决定，譬如猫、狗等动物的拟人化，视角需要降低到贴近地面。

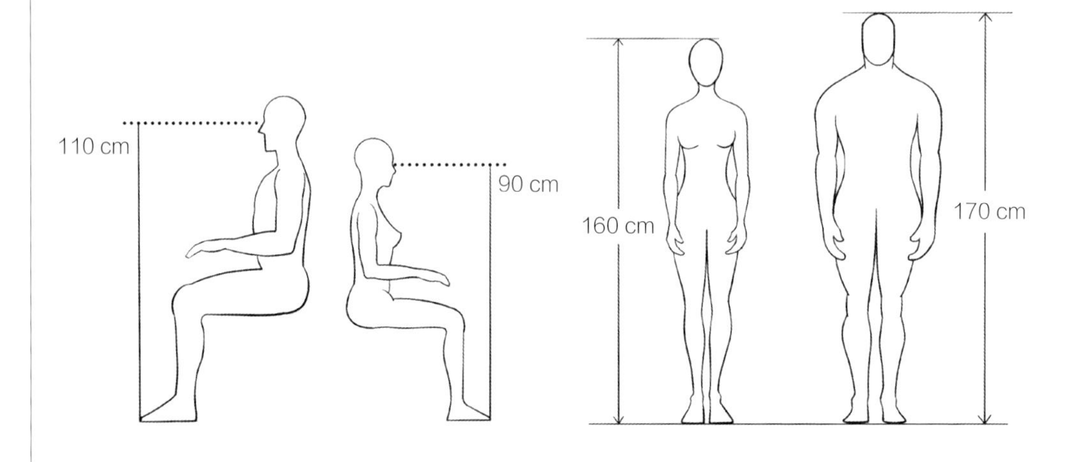

图 3-35　男性和女性的常见站高和坐高

2. 拍摄主体

目前的全景相机，尤其是多目全景相机的型号，拍摄所得的全景视频必然存在缝合产生的缝隙。镜头与镜头之间夹角产生的拼接缝，需要使用后期缝合软件进行处理和调整。目前多目类的全景相机无法避免缝隙的产生，只能最大限度地减少接缝。需要正视接缝的客观存在，更确切地说：我们需要预先接受接缝必然存在的现实，再拍摄 360° 全景视频。

除了关注拍摄的主体之外，拍摄细节也需要引起足够重视。这里的拍摄细节是指拍摄时，镜头 A 与镜头 B 之间重合区域的细节，即缝合点。这一点极其重要，因为镜头之间重合区域细节的缺失或数量不足会直接影响缝合的最终效果。譬如室内白色的墙壁反而不好缝合。许多情况下需要人为地添加一些细节，如画框、装饰品等，以便于辅助缝合。

3. 开始录制

根据剧本或脚本要求，确定拍摄高度及拍摄主体后就可以开始正式拍摄。由于现在全景视频多使用一体机进行拍摄，建议使用 Wi-Fi 连接相机的方式进行遥控录制，能够有效地避免导演、灯光师等人物的无效入境。

4. 补地的注意事项

关于补地的注意事项在正式拍摄的过程中需要引起足够重视，因为实地拍摄时全景相机三脚架的位置和地面环境直接决定了后期补地的工作量。前期选择较好的拍摄位置能够有效地降低后期工作量，这是一个重要的环节。通过图 3-36 两个拍摄场景的比较可知，左图中三脚架的位置几乎在完整的方块里，如此一来在后期补地时使用软件擦除即可，比右图中复杂的砖块处理起来简单许多。

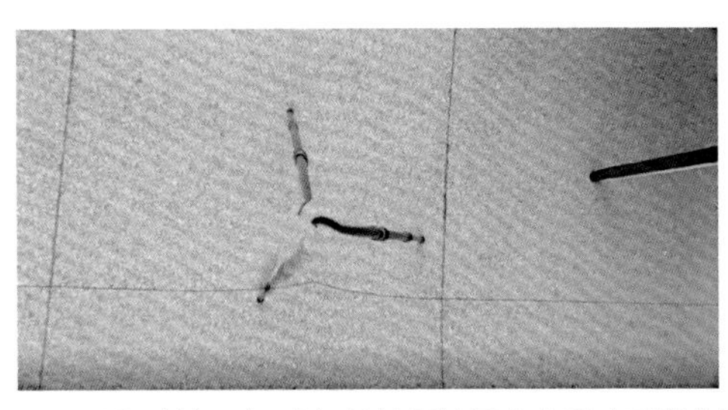

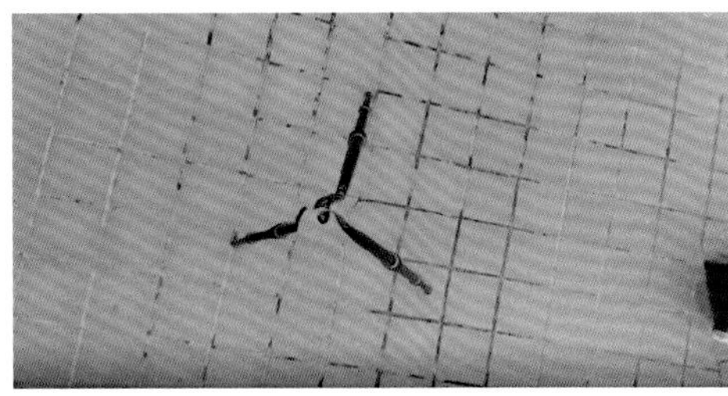

图 3-36　拍摄时三脚架的放置位置也会影响后期补地的工作量

5. 拍摄分辨率

为保证终端输出时全景画面清晰度良好，VR 全景摄像机的单个镜头分辨率一般为 1920×1080 像素，甚至更高，VR 合成后的画面总分辨率为 3840×2160 像素或以上。多个镜头画面拼接后的 360° 球体 VR 全景视频图像平面化后，其画面的宽高比为 2 ：1（360° ：180° ），因此 VR 全景视频的 4K 分辨率数值为 4096×2048 像素或 3840×1920 像素。

戴上 VR 头戴显示器后人眼的可视角度在 90°~110°之间。若 VR 全景视频拍摄源的分辨率是 3840×1920 像素，人眼的左右可视范围角度 α 和上下角度 β 都设为 90°，暂不考虑终端显示屏幕的因素，通过计算可得，在显示终端恢复成 360° 视频用户人眼实际可见分辨率约为 960×960 像素。这个分辨率介于标清与高清视频之间，考虑到头戴显示器显示屏的影响，观众最终得到的清晰度会略低于标清视频。

目前 VR 全景摄像机均采用固定焦距镜头，因此长焦镜头具备的放大画面功能在全景摄像机上缺失了。若想在头戴显示器等显示终端获得较好的清晰度体验，未来的全景拍摄设备需要达到 8K 甚至 12K、24K 的超高分辨率，才能保证在头戴设备等显示终端上达到人眼观看角分辨率（Pixels Per Degree，PPD，指视场角 1° 所包含的像素数）为 60 像素的视网膜级别的分辨率。只有如此，才能对画面质量进行大幅提升。

为了保证后期制作所需要的高质量源文件，全景视频必须经过高精度的拼接。前期的拍摄录制过程，关键在于拍摄设备和拼接方案的选择与实施。

三、Insta360 Pro 一体式全景摄像机手机 APP 操作流程

1. 连接全景摄像机

基于全景摄像机的操作模式，建议采用手机 APP 遥控拍摄的方式进行操作，可以有效地避免出现无关人员进出画面的情况。手机与 Insta360 Pro 采用 Wi-Fi 进行连接，方式有两种。方式一：确保 Insta360 Pro 与手机连接进入同一个局域网，然后使用相机屏幕上显示的 IP 地址进行连接即可；方式二：将手机与 Insta360 Pro 的 AP 热点进行连接，此时需要将 Insta360 Pro 设置为 AP 模式并保持开启状态（默认密码是 88888888），然后在 APP 里输入相机屏幕上的 IP 地址即可。

连接方式一适合在室内等有局域网的地方使用，连接速率受到局域网的限制和影响。连接方式二则是手机和全景摄像机点对点地连接，摆脱了局域网的限制，因此更加适合室外拍摄时使用，但受到摄像机自身 AP 热点范围的限制，不能进行较远距离的控制（图 3-37）。

连接完成后，手机 APP 呈现出控制菜单，包括：拍照、录像、直播推流、拼接校准、存储管理和相机设置，如图 3-38 所示。在进入拍照或录像页面之前，会出现“是否恢复最近一次连接的参数设置？”的询问，其目的是恢复手机与 Insta360 Pro 的连接，点击“恢复”即可，如图 3-38 所示。

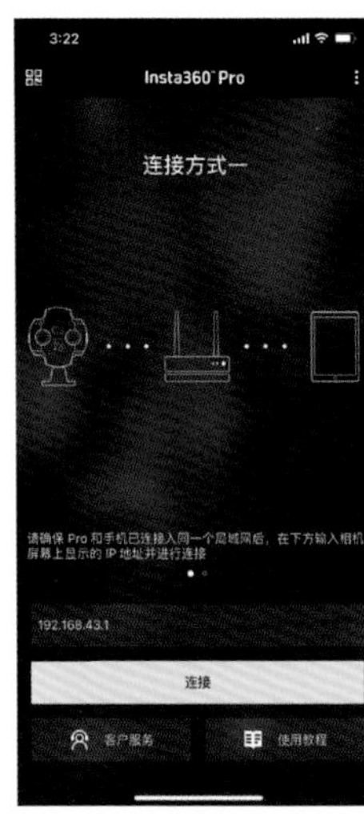

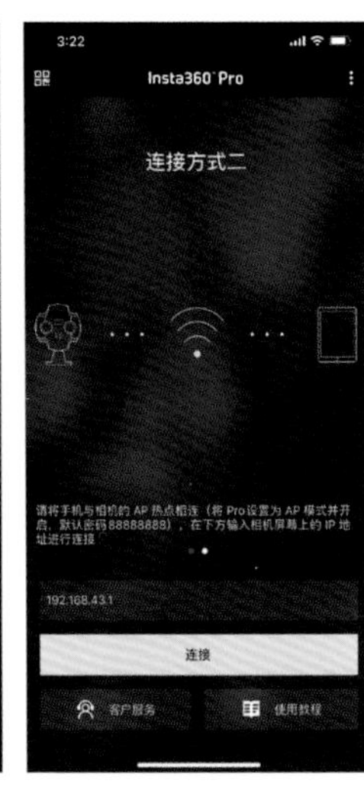

图 3-37 Insta360 Pro APP 连接界面

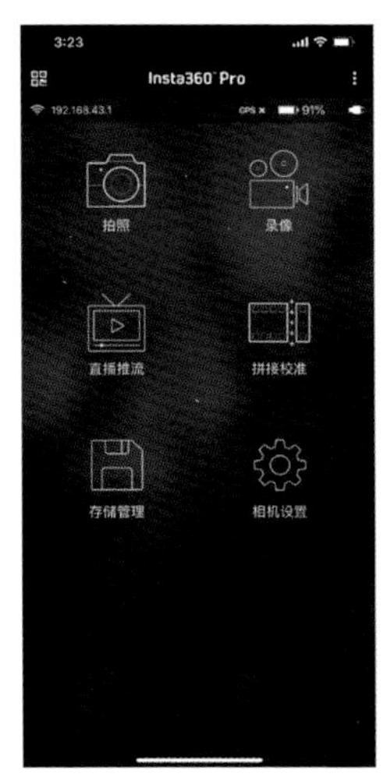

图 3-38　Insta360 Pro APP 菜单界面

2. 拍照模式的参数设置

在拍照功能下，参数设置包括：基础设置、曝光设置、画面参数和曲线。拍照模式分为普通、RAW、HDR 和十连拍，可以根据不同的全景照片需求选择相应模式，同时根据播放界面选择内容类型是 360° 全景还是 360° 3D。光流实时拼接采用基于光流的拼接算法，能够使用像素级的稠密光流，准确计算不同镜头间画面像素对应关系，实现无缝无痕的精准拼接。[1]延迟选项是指拍摄过程中 Insta360 Pro 传回到手机 APP 的画面是否出现延迟的情况，给予一定的延迟时间可以一定程度上降低摄像机功耗，但是会影响监看画面的流畅度。

1）基础设置

当基础设置模式选用“RAW”和“十连拍”时（图 3-39），内容类型和光流实时拼接参数会自动隐藏，RAW 格式在拍摄时已经最大限度地保留了拍摄时的参数。选用“HDR”模式时，会自动激活“HDR EV 间隔”菜单，默认间隔选择“1.0”即可，即每张全景照片之间的曝光差值为 1 挡。

在 Insta360 Pro 手机 APP 的监看画面中，能够看到实时帧率（图 3-40），所示的图像显示区域为 31.58 f/s。同时 APP 可以监看 Insta360 Pro 主机的剩余电量，当电量过低或出现警告时需要及时更换电池，以免耽误拍摄。

图 3-39　Insta360 Pro APP 菜单界面

图 3-40　实时帧率显示

① 光流拼接的前提，就是基于灰度不变的假设性原则。光流的图像拼接和特征点的图像拼接最直接的区别是：特征点的图像拼接在于匹配，而光流的图像拼接在于跟踪。

2）曝光设置

全景照片模式下的“曝光设置”参数共有自动、手动、各镜头独立曝光、快门优先和ISO优先五种模式。使用自动模式时，能调整EV曝光补偿和白平衡两个参数。手动模式下则能单独调整ISO、快门速度和白平衡三个参数，以便获得对画面相对自主的控制，如图3-41所示。

当使用“各镜头独立曝光”模式时，能看到平铺画面中不同区域出现了明显的曝光差异，针对光比较强烈或场景复杂的情况，可以使用此模式来进行比较精准的曝光控制，如图3-42所示。

图3-41　曝光设置参数

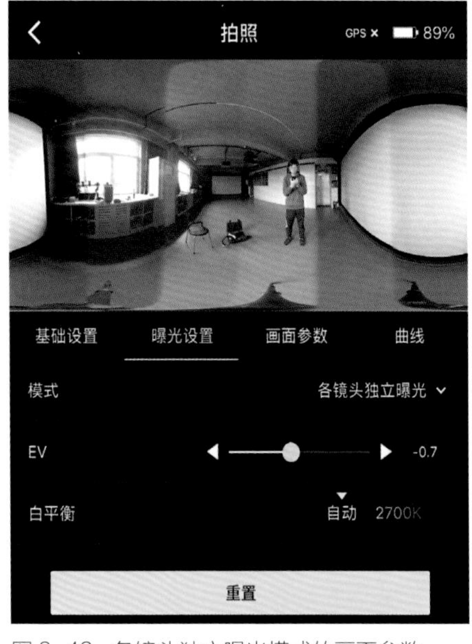

图3-42　各镜头独立曝光模式的画面参数

3）画面参数

画面参数包括亮度、饱和度、锐度和对比度四个参数。可通过直接拖动滑块或点击加减（左右箭头）按钮进行调节，调整后发生的变化也会实时地反映在监看画面之中。如图 3-43 所示，将亮度、饱和度、锐度和对比度四个参数都进行破坏性修改后，得到曝光过度的画面效果。

4）曲线

曲线作为一个强大的调整工具，兼具了色阶、明度和饱和度等多个命令的功能。与其他编辑软件一样，此处的曲线横轴也代表输入色阶[1]，纵轴表示输出色阶。曲线一般的调整方法和结果包括：上下移动曲线，整体图像色调变亮或变暗；以正 S 或反 S 增加或减少对比度；高光变暗或阴影变亮；阴影溢出或高光溢出；增大或减少色调反差等，如图 3-44 所示。

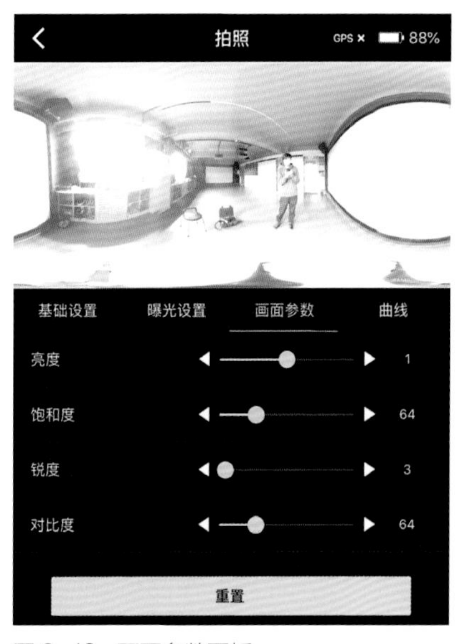

图 3-43　画面参数面板

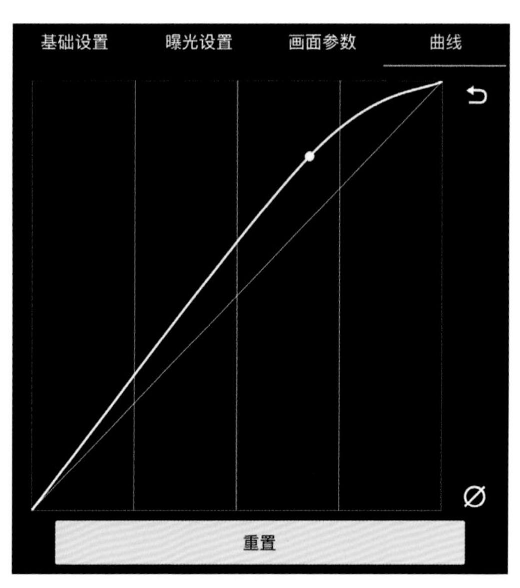

图 3-44　曲线面板

① 色阶表示图像亮度强弱的指数标准，也就是色彩指数。

3. 录像模式的参数设置

与拍照模式的功能相同，录像模式的设置也包括基础设置、曝光设置、画面参数和曲线四个参数。其中曝光设置、画面参数和曲线与拍照模式下相同，参考上文即可，此处不再赘述。在基础设置参数中，比较重要的参数是“原片单镜头分辨率”，此处提供了两个选项：6K（3200×2400 像素）和 4K（1920×1440 像素）。在决定使用哪一个参数进行录像时，需要结合后期缝合与制作的平台进行考量。一般情况下，单镜头分辨率推荐使用 4K，即可满足目前绝大多数播放设备的需求。

另外，在录像的过程中如果开启“实时拼接”功能，视频码率菜单也会自动弹出，此时可以选择相应的参数。单镜头分辨率选择 4K 时，码率选择 30 Mb/s 左右即可，如图 3-45 所示。

4. 直播推流模式的参数设置

同样，直播推流模式与拍照、录像模式类似，曝光设置、画面参数和曲线三个参数设置方法与其相同。在基础设置参数中，由于所拍摄的全景视频要用于直播，不论采用何种直播形式，都涉及码率的问题。在网络条件允许的情况下，为了达到全景视频直播的流畅度和清晰度之间的平衡，码率建议使用 15 Mb/s。在直播的过程中如果需要将直播画面进行本地存储，可以选择“保存直播画面”，选中该选项后，摄像主机播出的画面会被记录在全景摄像机内的存储卡上，如图 3-46 所示。

如果后期对直播的全景视频画面有进一步的调整和输出需求，建议激活“存储六个镜头原片”。但是这样一来，对所用的存储卡的容量和读写速度都有较高要求。

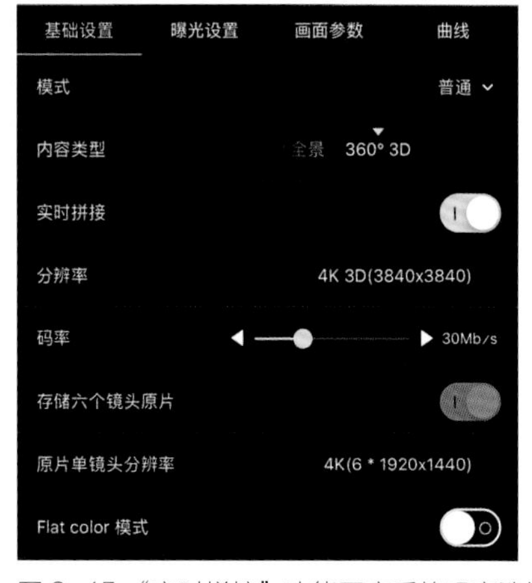

图 3-45 “实时拼接”功能开启后的码率选择

图 3-46 直播推流模式下的基础设置参数

第五节　遥控拍摄车与无人机的操作方法

一、遥控拍摄车的操作方法

VR 全景视频移动机位拍摄的解决方案主要采用移动拍摄车和无人机两种方式，其中小范围移动镜头的全景画面推荐使用遥控拍摄车。由于遥控拍摄车具有电控云台、减震器等装置，能够很好地保证拍摄画面的效果以及全景摄像机移动过程中画面的顺滑程度。本小节主要以赛亚 SY VR 遥控拍摄车为例，讲解遥控拍摄车的操作方法及使用注意事项。

赛亚 SY VR 遥控拍摄车整车配置包括：车架 1 套、支架 1 套、12 通道遥控器 1 套、12 通道接收机 2 套。

遥控拍摄车附件包括：充电器 3 套、全景相机固定转接螺杆 1 根、车备用螺栓若干、多功能扳手 1 把、六角螺丝刀 1 把、轮胎套筒 1 个。

遥控器面板外观如图 3-47 所示。

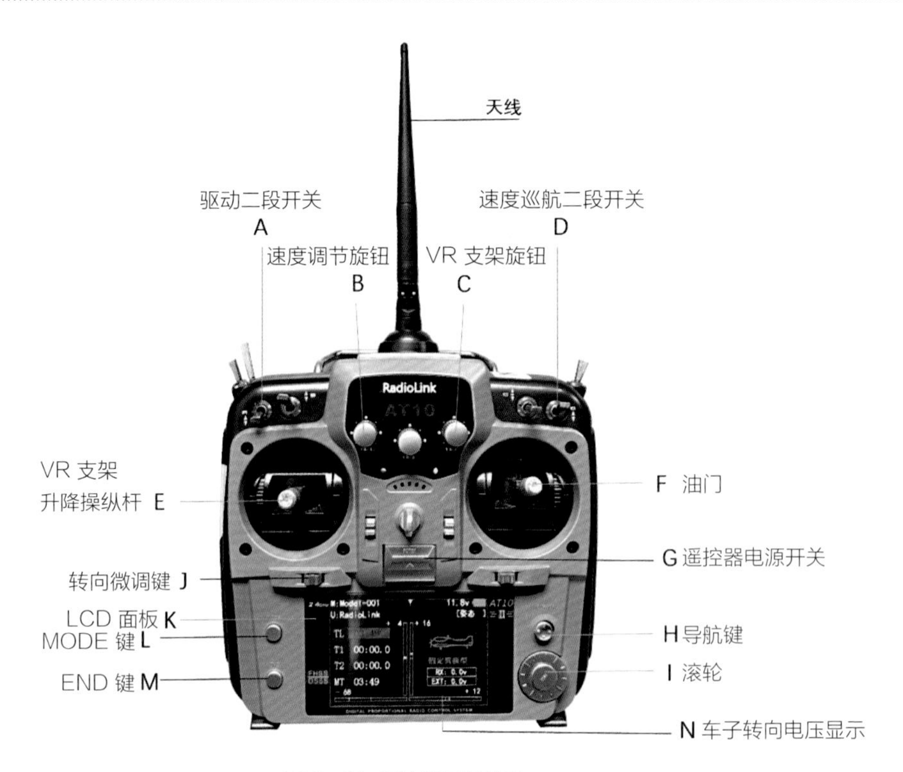

图 3-47　遥控器面板外观

1. 遥控器面板操作说明

开机顺序：遥控器电源开关——驱动开关——转向开关——VR 支架开关。

关机顺序：VR 支架开关——转向开关——驱动开关——遥控器开关。

遥控拍摄车具体使用方法说明：

A：往上拨动——关；往下拨动——开。二段开关（电子锁）。

①开关拨杆打开到开的位置，车子驱动处于工作状态。

②开关拨杆打到关的位置，车子驱动处于关闭状态。

B：速度调节旋钮（顺时针旋转车子速度变快，逆时针旋转车子速度变慢）。

C：VR 支架旋钮。

D：往上拨动——关；往下拨动——开。二段开关（速度巡航）。

打开到开的位置，车子匀速的状态下在平路与坡路上保持一样的速度。

注意：

车子在行驶中被障碍物阻挡时会自动加力加速，因而在拍摄过程中应尽量避免在空间狭小或者障碍物较多的场地使用此功能。

E：升高和降低——VR 支架升降操纵杆；左转和右转——方向操纵杆。

F：油门——上拨：前进；下拨：后退。

注意：

开机之前必须确保油门操纵杆处在中间位置。

G：遥控器电源开关。

H：导航键。

I：滚轮。

J：转向微调键。

K：LCD 面板。

L：MODE 键。

M：END 键。

N：车子转向电压显示。

遥控器、接收机的电源开关顺序，其基本原则是遥控器最先开、最后关。具体操作步骤如下:

①首先打开遥控器电源开关。

②打开遥控车的驱动开关，即绿色塑料大开关，此时显示屏会显示驱动电池的剩余电量，如图 3-48 所示。

③打开转向控制的电源开关，即银色金属小按钮。

④打开 VR 支架的电源控制开关，旁边的显示屏会显示支架控制电池的剩余电量，如图 3-48 所示。

⑤遥控车具有对外供电功能，可为装载的拍摄设备提供 12V 供电。使用时注意区分 12V 和 36V 插头，避免误操作，如图 3-49。

以上是开机的操作顺序，关机顺序正好相反。

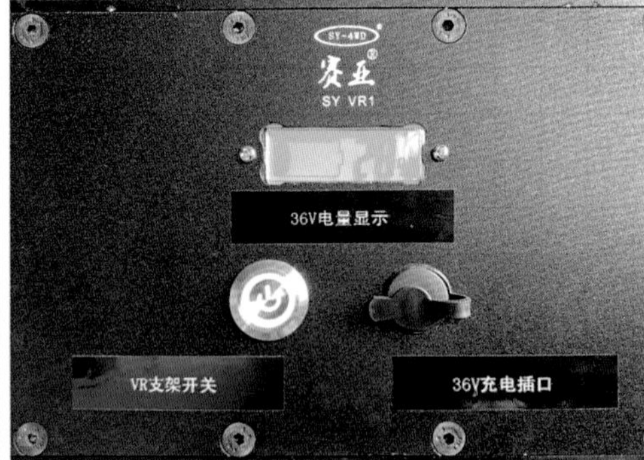

图 3-48　车子驱动开关、转向开关和 VR 支架开关以及电量显示

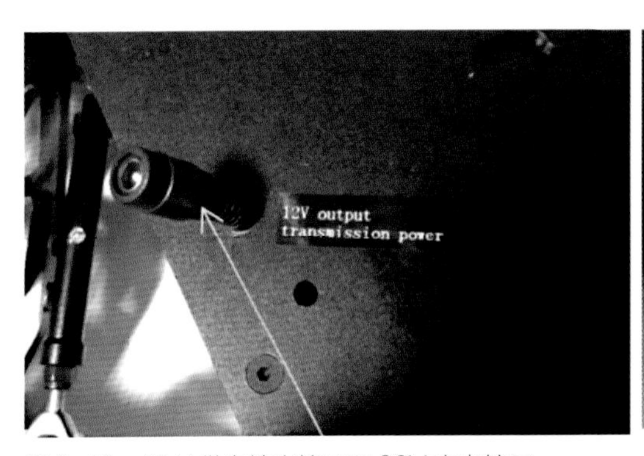

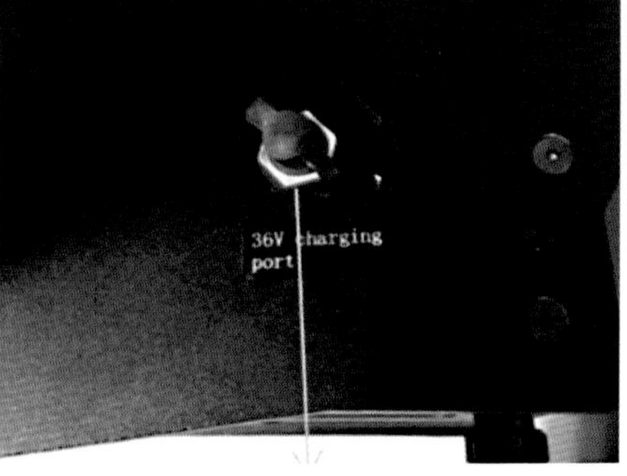

图 3-49　12 V 供电输出接口和 36V 充电接口

2. 操纵杆介绍

左边操纵杆 E、B 控制车子方向和 VR 支架升降，具体操作如下：

①操纵杆平行往左拨动，车子左转；平行往右拨动，车子右转。松开后，操纵杆会自动回中。

②操纵杆往前推，VR 支架升高；往后拉，VR 支架下降。操纵杆前后推拉的幅度大小决定支架升降的快慢。松开后，操纵杆会自动回中。

右边操纵杆 F 控制车子前进、后退和停车。具体操作为：往前推操纵杆，车子前进；往后拉操纵杆，车子倒退；操纵杆位于中间位置，为空挡，车子不运动或者停车。车子前进、后退时注意区分车头与车尾，避免操作失误，如图 3-50 所示。

B：车速调节旋钮。

C：VR 旋钮，控制支架旋转。

E：左右拨动控制车子转向，前后推拉控制支架升降。

F：前后推拉控制车子前进后退和停车。

注意：

使用升降功能，当升或降行程达到极限时一定要及时松开手让操纵杆自动回中，以免造成不必要的电路损伤。

图 3-50　车头与车尾的区别

3. VR 支架 360° 旋转功能

如图 3-51 所示，C 旋钮控制支架 360° 旋转和停止。具体操作为：

① C 旋钮指示标处于正上方中立点时，支架处于不运动或者停止状态。

② C 旋钮往左旋转，支架逆时针旋转，旋钮旋转角度越大，支架旋转速度越快，反之，则速度越慢。

③ C 旋钮往右旋转，支架顺时针旋转，旋钮旋转角度越大，支架旋转速度越快，反之，则速度越慢。

注意：

为确保安全，在不使用该功能的情况下，应将 C 旋钮指示标置于白色中立点位置，确保支架处于空挡状态。

图 3-51　操纵杆功能介绍

4. 电子锁——二段开关

A. 开关用于启动和停车，也是安全锁。

①开关拨杆打到关的位置，车子驱动处于关闭状态。

②当开关拨杆打到开的位置，车子驱动处于工作状态。

注意：

设备使用前和使用后，务必将此旋钮置于逆时针最左侧位置，使电子锁都处于关闭状态，以确保安全。

5. 车子速度调节旋钮——B

此旋钮用于调节车子行驶速度，具体操作如下：

①顺时针旋转车子速度变快；

②逆时针旋转车子速度变慢。

注意：

①此功能在车子行驶中遇到障碍物阻挡时会自动加力加速，因此尽量不要在空间狭小、人多或者障碍物多的地方使用，以免造成不必要的事故和损失。

②在设备使用前和使用后，务必确保此开关处于关闭状态。

6. 巡航键——二段开关 D

此开关用于车子定速巡航，打到开的位置，车子匀速的状态下在平路与坡路上根据陀螺仪加速感应保持一样的速度。

二、电池充电操作方法

本车一共有三组供电系统，分别为车辆动力驱动供电系统、车辆转向供电系统、VR 支架供电系统。

1. 车辆动力驱动供电系统

36 V、2.6 Ah（标配）动力锂电池供电，无刷电机驱动。充电如图 3-52 所示，拆开白色小纸盒，取出电源适配器，连接好电源线，将黑色小插头插入锂电池充电口，再接入输入电源，适配器指示灯亮为红色，即为充电中，指示灯亮为绿色，即电池充满。

2. 车辆转向供电系统

两组 6 V、4.6 Ah 镍氢电池供电，两个 55 kg 全金属舵机驱动方向。充电如图 3-53 所示，将充电器白色插头与电池白色插头连接好，再接入如图 3- 53 所示输入电源， 充电器指示灯亮为红色，即为充电中，指示灯亮为绿灯色，即电池充满。如果指示灯长时间不变绿色，根据镍氢电池自身特性，充电时间不宜过长，4 ~ 5 h 即可。

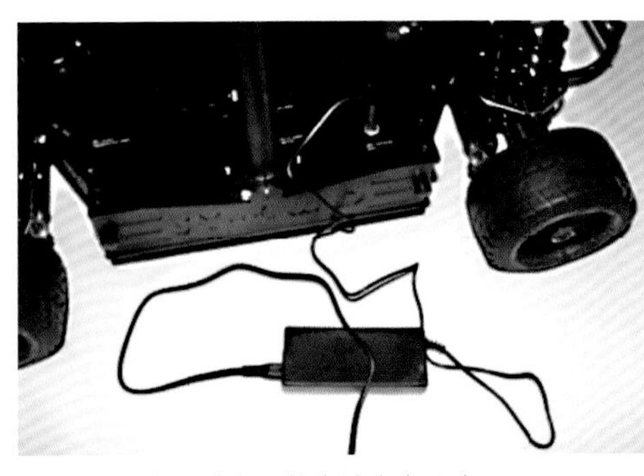

图 3-52　车子动力系统电池充电示意

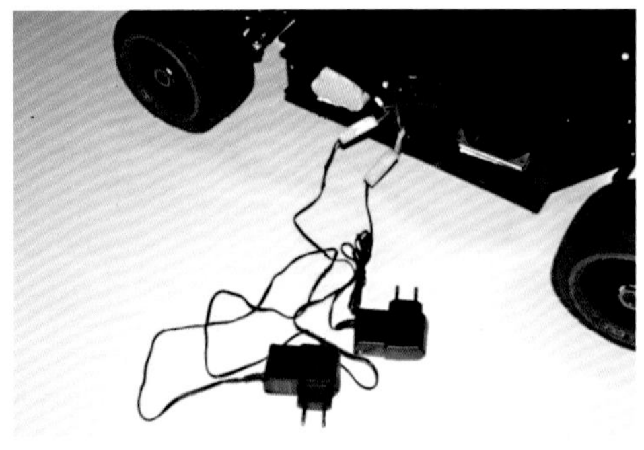

图 3-53　转向电池充电示意

3. VR 支架供电系统

24 V、4 Ah 动力锂电池供电，有刷电机驱动。充电如图 3-54 所示，取出电源适配器，连接好电源线，将黑色小插头插入面板上锂电池充电口，再接入输入电源，适配器指示灯亮为红色，即为充电中，指示灯亮为绿色，即电池充满。

4. 全景相机的安装

拆开随车附件包，取出连接螺杆。螺杆一端为 1/4 英寸（6.35 mm）英制螺纹，另一端为 3/8 英寸（9.53 mm）英制螺纹，请根据需要选择合适的螺栓头，并将其拧入固定板中央的螺栓孔，另外一端安装全景相机或者 VR 三轴云台。图 3-55 所示为两种连接方式。

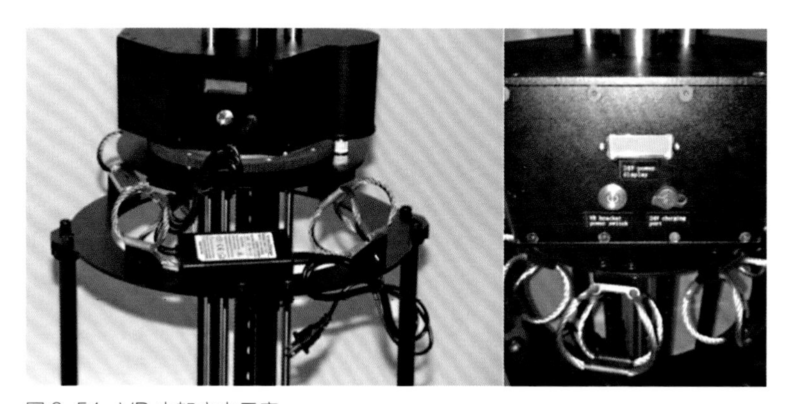

图 3-54　VR 支架充电示意

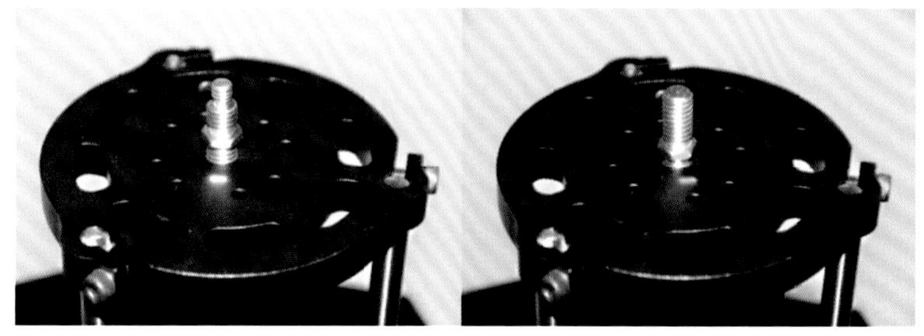

图 3-55　全景相机连接的两种方法

5. 常见问题及解决方法

问题	引发原因	对应解决方法
车子无法启动或无法转向	1. 遥控器和车子动力电池以及遥控器电池电量不足或电池损坏。 2. 遥控器和接收机没有对码或出现对码故障。 3. 线路未连接好或出现短路。 4. 电调或电机出现故障。 5. 方向舵电机出现故障	1. 充电或更换相应电池。 2. 重新对码或维修（更换）遥控器或接收机。 3. 重新连接或修复线路。 4. 维修或更换电调或电机。 5. 维修或更换方向舵电机
支架无法正常升降或旋转	1. 遥控器和支架电源电池电量不足。 2. 遥控器和接收机对码不匹配。 3. 线路未连接好或出现短路。 4. 升降电调或电机出现故障。 5. 控制旋转的电机出现故障	1. 充电或更换相应电池。 2. 重新对码或维修（更换）遥控器或接收机。 3. 重新连接或修复线路。 4. 维修或更换升降电调或电机。 5. 维修或更换旋转电机

6. 安全注意事项

①严格遵循正确的开、关机顺序，并在电量充足的情况下操控车子。

②避免在行进中频繁或突然改变方向。

③不要在深水地形中使用车子，以防出现电路短路现象，造成严重的损失。

④务必在视线范围内操控车子，做到安全操控。

7. 警告

为避免发生事故和造成个人伤害，务必注意以下事项：

①勿将电池投入火中，否则会发生燃爆危险。

②勿把手指或其他物体放入正在旋转或运动的部件中。

③刚使用完毕时，请勿触摸电机，否则会存在烫伤危险。

④车子存放在凉爽、干燥、儿童触摸不到的地方。

三、无人机全景航拍设备及其组装方法

无人机拍摄机动灵活，选择视角更加方便，对于起降的场地要求也比较低。同时借助较强的爬升性能，无人机可以在短时间内爬升至几百米的高空进行拍摄。相较于载人飞行器，使用航拍无人机的费用要低很多。以上是无人机用于航拍的一些优势，若配上 VR 全景摄像设备，可以将无人机和全景摄像摄影的优势进行结合，得到更好的全景航拍效果。

出于风险管控和成本的考虑，这里选用大疆御 Mavic Pro 搭载 Insta360 ONE 来介绍无人机全景航拍设备的组装方法。所需的设备如图 3-56 所示：

图 3-56　无人机和全景摄像头及其连接件

选择 3D 打印设备制作了无人机和全景摄像头的连接部件，此部件能够良好地契合“御”这款无人机的机型，并且对无人机的正常操作不会产生影响。同时较好的契合度能够保证无人机和全景摄像头结合紧密，保证飞行过程中设备和人员的安全。这款 3D 打印的连接件有以下两种安装方法：第一种安装方法是将全景摄像头固定在无人机上方，如图 3-57 所示。连接件安装在无人机上之后，两侧正好能够卡住电池的手柄，同时机背的电源指示灯和无人机的电源按钮都可以正常操作。然后使用连接件附带的螺栓将全景摄像头固定在底座上。完整的工作状态如图 3-58 所示。

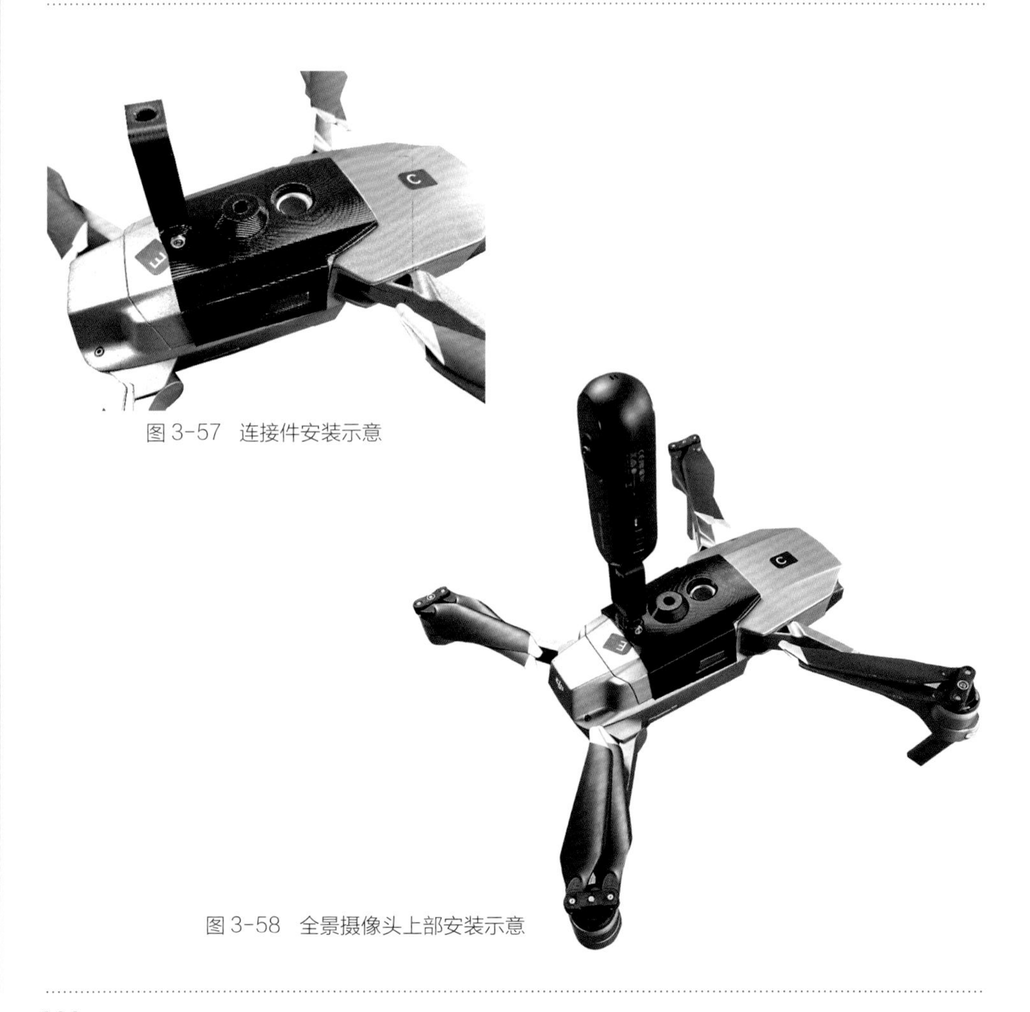

图 3-57　连接件安装示意

图 3-58　全景摄像头上部安装示意

第二种安装方法是将全景摄像机安装在无人机下部。这里需要用到第二种连接件，将其头部卡住无人机底部散热片的凹槽处，尾部卡住无人机后部的起落架空当处。这样底部连接件便安装完成了，如图 3-59 所示。底部连接件安装完成后，就可以使用附带螺栓将全景摄像头连接起来。完成后如图 3-60 所示。

第一种安装方法起飞比较简单，将无人机放置在较平的地面上正常操作即可。如果要拍摄全景视频，建议起飞之前就开启录制功能，省去在空中飞行时对全景摄像头的操作，从而专心操作无人机。如果要拍摄全景照片，建议两人一起操作。一位飞手操作无人机飞行，另一人操作全景摄像头。同时还要注意无人机与全景摄像头操作员之间的距离，确保通信顺畅。

第二种安装方法，由于倒装的优势和连接件的臂展较长，其优点是无人机的螺旋桨、飞行臂对全景摄像头的遮挡比较少，拍摄到的全景画面干净，后期需要处理遮挡的工作量较小。其缺点是无人机起飞时较第一种方法有一定难度，需要将无人机马达启动后举在半空中再安装连接件，对安全操作无人机的要求较高。同时，飞行拍摄完成后降落时也不能直接降落在地面上，需要使用人手去接住无人机。

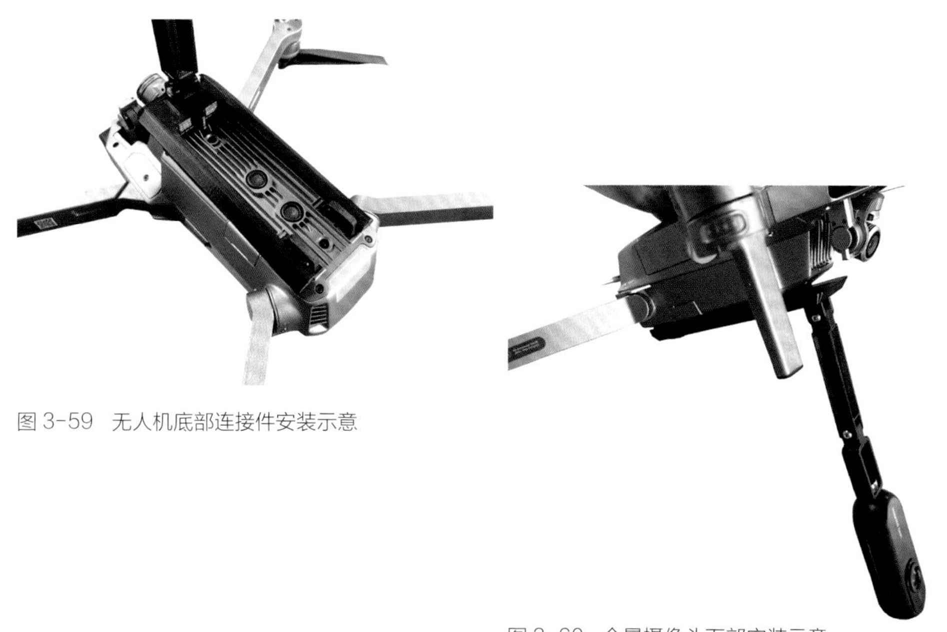

图 3-59　无人机底部连接件安装示意

图 3-60　全景摄像头下部安装示意

第四章
VR全景视频后期剪辑与制作

第一节　素材的收集与整理

后期制作是 VR 全景视频创作中重要的一环，VR 技术的特殊性使得其与传统视频创作手法营造真实感的方法存在一些区别。为保证全景视频成片画面的真实感，需要注意拍摄视角、透视、色彩、光源统一等方面。

拍摄完成后首先需要在计算机上将素材进行归档、整理和备份，防止出现数据丢失等不可预见的问题。第一次导入计算机的素材版本不必考虑接缝、曝光等一系列画面问题，只需要浏览前期拍摄的素材内容以及整体效果即可，一体化全景摄像机拍摄所得的素材，都是在摄像机中按时间顺序设置将文件命名，这样可以减少许多后期整理素材的工作量。素材整理完成后可以在相应的缝合软件中进行缝合，使用“队列”操作进行集中输出，得到展平的360° 全景视频，以备进一步精确剪辑使用。

导入素材后发现，使用 Insta360 Pro 8K 全景摄像机拍摄得到的素材文件默认以日期和具体时间的形式进行自动排列，这样会极大地节省素材整理的时间。只需根据剧本要求，按照镜头组别进行文件夹分类即可，缝合时也可以快速进行导航和定位。如图 4-1 所示，2019 年 12 月 9 日 15 点 22 分至 16 点 12 分拍摄的 9 个镜头素材，分别以文件夹的形式进行有序排列。

对于一体式全景摄像机而言，如果不采用机内缝合，则拍摄所得的一个镜头素材会生成多个镜头的单独文件和一个合成预览文件，还包括一个陀螺仪数据文件和一个项目文件，如图 4-2 所示。

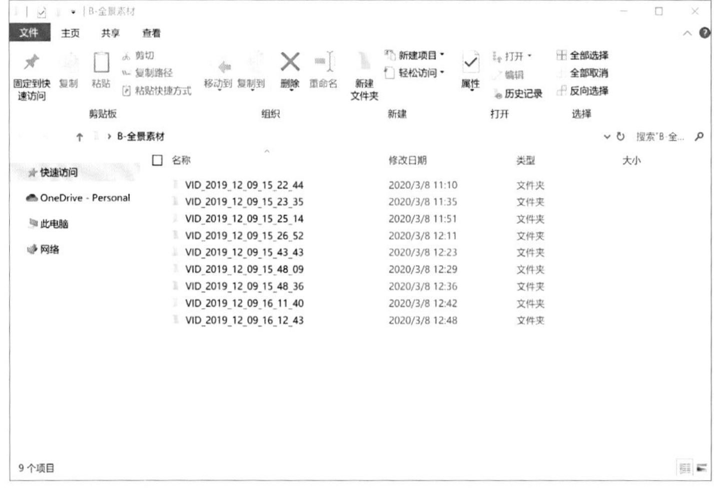

图 4-1　拍摄素材整理示意

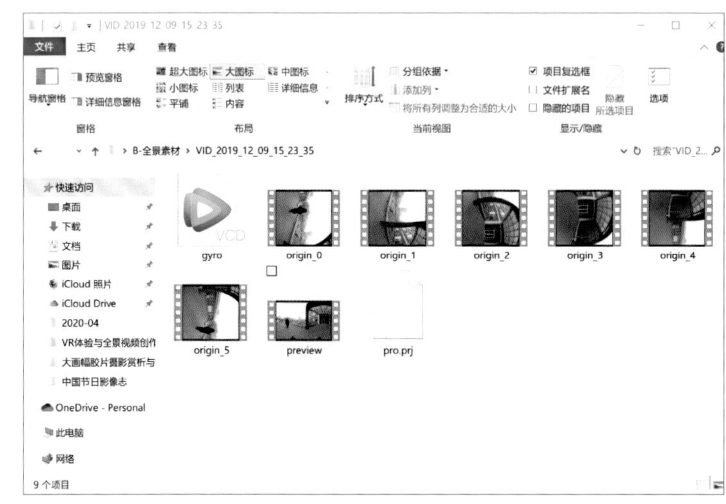

图 4-2　全景视频文件的构成

第二节　全景视频的缝合

一、360° 全景视频缝合软硬件介绍

对于计算机的 CPU 推荐使用多核处理器，主频至少在 2 GHz 以上。尽管 CPU 处理在视频编辑软件（AVP）中不是最重要的角色，但是在截图、分析控制点等方面的运算主要还是由 CPU 完成，另外在渲染和输出的任务方面，CPU 也承担了相当一部分工作量。内存需要 8 GB 及以上，新版本的 AVP 具有视频缓存功能。全景视频素材能够在内存中缓存，便于提升回放效率，因此内存的作用很重要。显卡是 AVP 利用率最高的硬件之一，其要求也相应高一些。输出和渲染过程主要使用显卡的 GPU 加速技术，因此需要一块型号较新的显卡，推荐显卡内存 2 GB 以上且显卡驱动保持最新。除了 CPU、内存和显卡方面的要求，要进行 360° 全景视频的缝合工作的计算机还推荐使用 SSD 固态硬盘和双 HD(高清)显示器。使用固态硬盘提升数据的读写与传输效率，可保证整个操作流程更加流畅。AVP 的缝合基于全景拼接软件（APG），具备两个高清显示器是全景视频缝合的特殊要求，处理视频缝合会同时打开 AVP 和 APG 两个编辑软件，两台显示器可以分别显示一个软件界面，以便提供一个高效的工作界面。

操作系统方面，后期缝合软件支持 Windows 和 Mac 两大平台，目前还未发现有缝合软件支持 Lunix 系统。Windows 系统中支持的版本有 Windows7、8、10 全系列。结合教学使用情况，推荐 64 位的 Windows，其运行更稳定、速度更快。Mac 系统支持 Mac OSX 10.9.5 及以上版本，且仅支持 64 位系统。不论在哪一系统平台下，缝合软件的操作界面是相同的，为了结合 Premiere 等剪辑软件，本书以 Windows 平台进行介绍。

二、全景拼接

全景拼接主要分为现场的实时拼接和非现场的（后期）高精度拼接两类。

前期拍摄过程中的实时拼接主要用于监看现场画面，为了获得较快的速度，一般使用 VR 全景摄影机内置的模板对视频画面进行拼接。这种方法拼接速度快，可达到实时预览的目的，但是拼接效果一般，特别是在进行机位的移动拍摄时接缝处容易出现重影(图 4-3)。非现场的(后期)高精度拼接一直都是全景视频相关研究的热点之一。2017—2018 年，为了获得较高的拼接质量，影视级全景视频均使用专业级的软件或制作工具来完成拼接任务，譬如 Nuke 以及配套的 Cara VR 全景视频解决方案插件。Nuke 使用的拼接方法是基于常见的特征点匹配，结合其在影视行

业深耕多年积累的摄影机反求技术[1]，能得到较高的全景视频拼接精度，但是这种影视级的软件操作过程复杂且需要较多人员参与，入门门槛较高。

当下，非现场的后期全景拼接技术已经相对成熟，如 Insta360 Pro 一体式全景摄像机的配套缝合软件 Insta360 Stitcher，基本可以实现 “傻瓜式”一键拼接，在保证拼接质量的前提下大大提升了拼接效率。Insta360 Stitcher（图 4-4）的内置算法主要有两个：第一个是传统的基于关键帧计算模板后进行拼接，这种算法适用于对拼接速度要求较高的场景；第二个是新光流拼接算法，适用于对拼接质量要求较高的场景，当然一定程度上会降低拼接速度。Insta360 Stitcher 不仅能够选择拼接的算法，还能够对输出视频或图像的格式进行设置，如分辨率、编码方式、码率、帧率等诸多参数。

图 4-3　全景图片或视频缝合过程中容易出现的重影问题

图 4-4　Insta360 Stitcher 的设置画面

① 通过分析连续画面，追踪其中关键像素（一般绘制或使用专用标记点）的画面运动，利用透视原理（理想的反求结果是需要镜头数据的）计算出当前摄影机的空间轨迹。

三、全景视频拼接软件操作

全景视频拼接技术需处理多个镜头画面间的接缝、光照、融合、防抖等一系列问题，这些问题的处理结果也直接影响着观看的流畅性、清晰度。不论使用何种全景摄像机拍摄，获得 VR 全景视频素材后，由于存在镜头畸变，且各个镜头捕捉到的画面的亮度、水平垂直角度等信息都会存在一些差异，因此在缝合之前需要进行图像的校正。校正完成的多个镜头视频图像以各自的特征、灰度和变换域的特征匹配算法为基础，将多镜头图像进行拼接与缝合，最终得到一个 360° 球体视频图像或二维的展平图像。另外，缝合完成后的全景视频还会存在接缝缺陷、多镜头视频画面间亮度不一、运动鬼影等问题，因此还需对图像进行融合、曝光补偿等处理。

目前常用的全集视频缝合方法有两种，第一种是基于变换的图像拼接，第二种则是以拼接线为基础进行缝合。第一种拼接方法的核心是对单应性矩阵进行调整，通过网格化使画面之间的重合区域的缝隙尽可能地小，这种方法适合视角变换较小的场景，其代表算法有 Auto Stitch、APAP、ANAP 和 GSP 等。第二种拼接方法的核心则是对图像拼接线部分进行重新调整，确保拼接的自然性，这种方法适合视角变换较大的场景，其代表算法有 Seam-Driven、Parallax-Tolerance 等。

如果对全景视频的后期流程有更高要求，尤其是需要对全景画面进行无损输出，可将输出格式选择为“PNG”，以便得到全景视频的无损 PNG 序列。值得注意的是，在前期拍摄过程中除了要保持 1.5 m 的安全距离，还要尽量避免在镜头接缝处出现逆光，这样能有效减少由于眩光而导致的拼接不准确。

我们以 Insta360 Stitcher 为例，演示讲解如何进行全景素材文件的缝合。软件界面比较简单，如图 4-5 所示，这也是目前一体式全景缝合软件的优势。

该软件在 Insta 360 官方网站即可免费下载。下载软件前，需要提供全景摄像机的 SN 号。安装完成后需要使用自己的邮箱注册账号方能使用。

第一步，将待缝合的素材文件夹拖曳至“本地拼接”面板即可，如图 4-6 所示。

展开其中的一个素材文件夹，即可看到 6 个独立的镜头素材文件，如图 4-7 所示。

此时点击切换镜头名称，即可切换查看视角。选定需要缝合的镜头即可进行下一步的操作。

第二步，拼接参数设置。

内容类型包括 2D 全景、3D 全景和 VR180° 三种。根据拍摄时选择的种类以及需要的输出类型进行相应选择即可，如图 4-8 所示。

图 4-5　Insta360 Stitcher 的启动画面

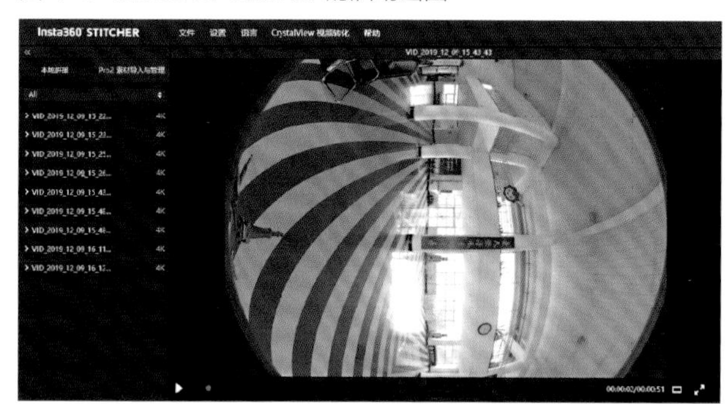

图 4-6　将素材文件夹导入 Insta360 Stitcher

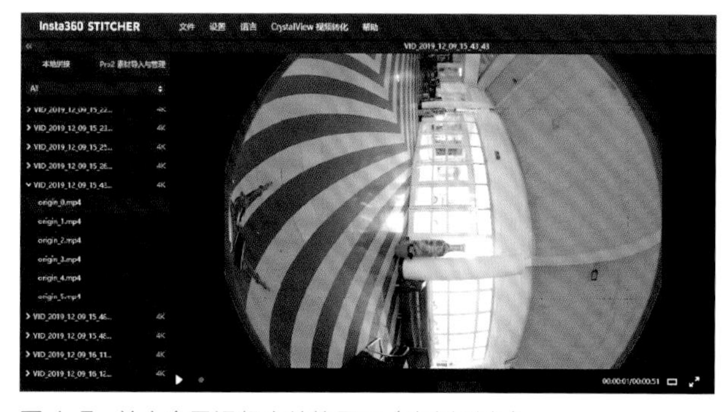

图 4-7　单个全景视频文件的展开（左侧列表）

图 4-8　拼接参数设置

拼接模式：包括新光流拼接算法、光流拼接算法和根据当前画面计算新模板。为了保证拼接质量，以及提升拼接速度，一般默认选择新光流拼接算法。

采样类型：快速、中速和慢速。

融合方式：自动、开放运算语言（英文全称 Open Computing Language，OpenCL）、CPU。此处可以默认使用“自动”，软件根据实际拼接情况自动选择即可。

根据拍摄场景的需要，如果待拼接的拍摄场景相对简单，无须进行自定义，可以选中“使用出厂拼接参数”。一般情况下，需要选中“使用默认圆心位置”和“陀螺仪水平校正”，因为拍摄过程中已经对这两个参数进行了前期校准。“软件编码速度”默认有“最快”“较快”“中等”“高质量”和“最高质量”五个选项，可以设置为“最快”以提升编码效率。

如果需要使用底部 Logo 遮住三脚架或者移动拍摄车之类的支撑工具，可以选中“使用底部 Logo”选项。需要注意，使用底部 Logo 功能暂时不支持 DNG 格式的图片。对底部 Logo 进行自定义，需要先选中复选框，编辑菜单会自动弹出，选择“编辑”即可，如图 4-9 所示。进入 Logo 自定义菜单后，如图 4-10 所示，使用“替换其他 Logo”打开对话框即可选择想要添加的 Logo 文件。“缩放”选项可以在场景中对底部 Logo 进行大小的改变，以适应三脚架或移动拍摄车的大小。无论是默认 Logo 还是自定义 Logo，添加进入全景图片之后，在“平铺”模式下，底部 Logo 都会呈现出二维形式的严重变形。回到“透视”或“水晶球”等显示模式后，才能看到正常比例的底部 Logo。

图 4-9　使用底部 Logo

图 4-10　使用底部自定义 Logo

“平铺”模式下的底部 Logo 呈现状态，如图 4-11 所示。“透视”和“水晶球”模式下的底部 Logo 呈现状态，如图 4-12 所示。

第三步，色彩调整。

Insta360 Stitcher 中有一定的调色功能，调色是针对参考帧进行单独的调整，然后自动应用于整个镜头片段。因此在调色时要以选定的参考帧为参照进行调整，具体调节参数比较丰富，包括：亮度、对比度、高光、阴影、饱和度、色温、色调和锐度。为了提高工作效率，可以将调整好的参数存储为色彩模板，应用于其他的类似镜头或场景之中。点击“色彩模板”右边的“+”即可输入想要保存的名称，打开其他镜头，直接点击已经保存的色彩模板即可应用，如图 4-13 所示。

图 4-11 “平铺”模式下的底部 Logo 呈现

图 4-12 “透视”（左）和“水晶球”（右）模式下的底部 Logo 呈现

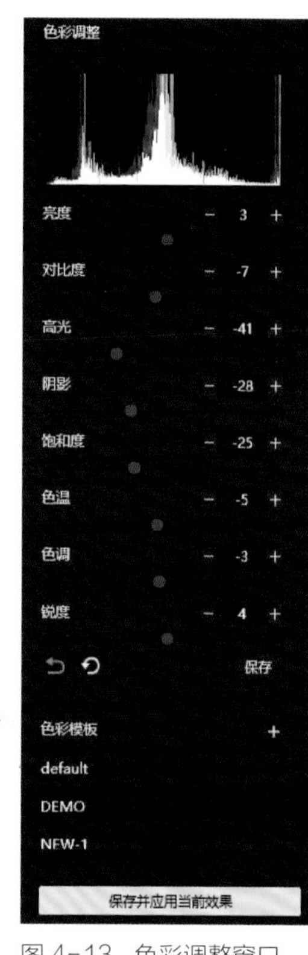

图 4-13 色彩调整窗口

第四步，设定参考帧。

导出的全景内容以参考帧的拼接效果为主要参考，因此需要选择拼接效果最好的那一帧，拖动进度条选择效果最好的帧即可。在设置过程中，为了方便观察画面中的关键要素是否水平一致，可以开启参考辅助线帮助判断。同时，可以在“透视”“平铺”“水晶球”“小行星”和“鱼眼”五种显示模式之间进行切换，有助于从多个视角观察拼接效果，如图 4-14 所示。

完成以上步骤后，点击“设为参考帧”按钮即可保存相应设置。然后点击“保存并应用当前效果”即同时完成色彩调整和参考帧设定工作。

第五步，输出参数设置。

输出参数设置涵盖了全景视频所需要的参数：分辨率、输出格式、编码方式、渲染配置、码率、帧率、音频类型等。分辨率可以选择默认的 4K 或 2.5K，还可进行自定义设置。根据不同的播放平台，选择相应分辨率即可。当选择 4K 分辨率时，其对应码率为 60 Mb/s；选择 2.5K 分辨率时，其对应码率为 25 Mb/s。输出格式可选项有：MP4（H.264/H.265）、MOV（ProRes/H.264/H.265）、PNG 和 JPG 四种，如图 4-15 所示。

音频输出类型包括：全景声、普通音频和无。不需要输出声音时选择“无”，默认选择“全

图 4-14　设定参考帧窗口

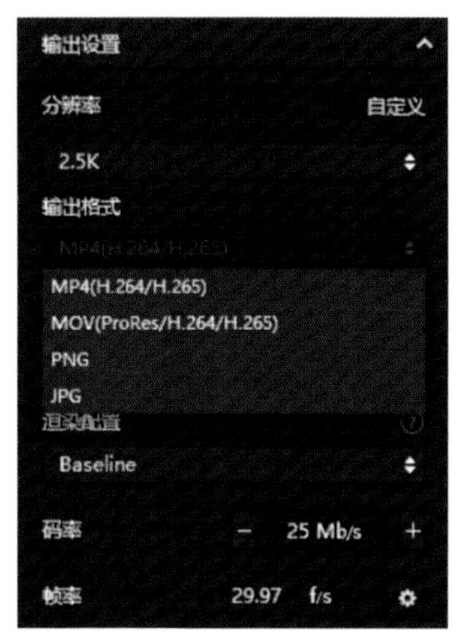

图 4-15　输出参数设置

景声”选项。如果需要单独的音频轨道，可以将“同时导出音频文件（WAV）”选中。随后设置输出路径和输出文件名称，即完成了所有的参数设置工作。输出文件类型若没有特殊需求，建议使用默认名称，默认名称与源文件一样采用拍摄日期和时间进行命名，便于检索和查找。

第六步，拼接。

完成参数设置后，选择“立即拼接”，计算机便可进行拼接运算。如果需要将多个全景镜头画面先一起调整好再同时编码，可选择“添加到待处理列表”，待列表添加完成一起进行输出。在处理窗口可以观察渲染进度条，如图 4-16 所示。

渲染完成的全景视频平铺示例，如图 4-17 所示。

图 4-16　导出进度条和剩余时间显示

图 4-17　全景视频画面的平铺显示模式

四、后期制作

全景视频的后期流程完成拼接工作后，生成的视频文件需要根据脚本或成片的要求进行画面正向统一、去抖动、补天补地、特效制作、添加字幕、声音处理等工作。

1. 后期制作软件与工具

全景视频需要确保画面切换时两个相邻镜头之间的正向一致性，除非如《HELP》[1]一样，5 分钟的影片采用一镜到底的拍摄手法。因此，对于处理完缝合和拼接的源文件，在进行初步声音编辑后，需要考虑画面正向统一的问题，保证后续的各项修正和特效制作有序进行。

画面修正和特效制作的工作过程中如果每一个环节都进行视频编码或输出，会延长工作时间，同时也会对原画质造成不可逆的损坏。因此需要后期制作过程中的软件和工具无缝衔接，才能避免上述问题的发生。确保中间过程所产生的数据流畅地交换，编码和输出在最终成片时按照需要操作即可，既能提升效率，也能确保制作的高质量。在此种要求下，如果后期制作过程中的每个独立环节均使用相互独立的软件，则需要提前制定一套完整且规范的数据交换格式，以保证数据的无损传输和交换；另外，更高效和稳定的方法是使用一些具有数据交换功能的整套软件完成制作，如奥多比（Adobe）公司的整套后期影视制作软件，已经可以实现数据在各个软件之间无缝衔接，确保数据传递的流畅和完整（图 4-18）。譬如在 Adobe 公司的解决方案中，Premiere 软件可以完成剪辑工作，After Effects 软件可以完成特效制作，Photoshop 软件则能完成部分关键帧的修补和处理，Media Encoder 软件用于视频的编码和输出工作，另外相应的 VR 插件完成正向统一、调整畸变等任务。如果软件平台均采用 Adobe 公司的软件，那么其配套的 VR 插件也具有较好的兼容性，在 Premiere 软件中便能够进行大部分的修正工作。

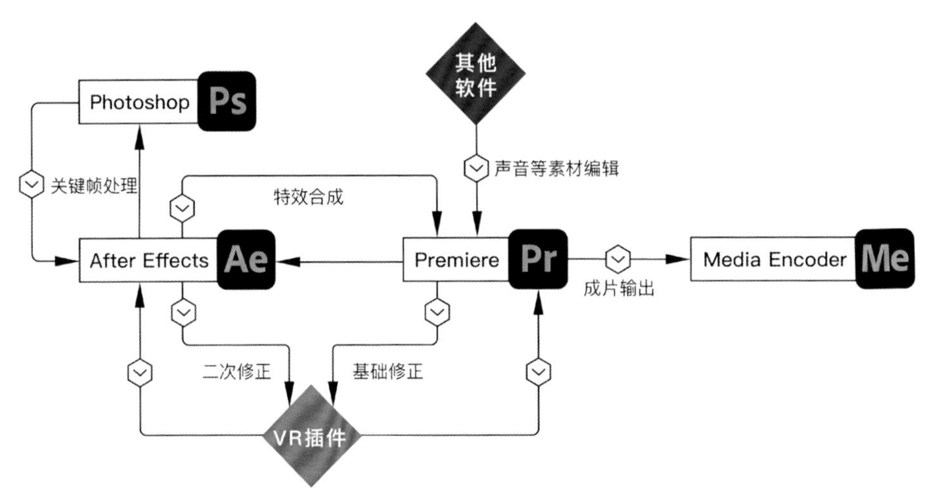

图 4-18　Adobe 系列影视制作软件的数据流向

① 华人导演林诣彬的全景作品。

2. 基础修正

VR 全景视频在剪辑之前需要先进行基础修正，其目的是为了解决全景拍摄时遇到的特殊问题，如画面抖动、正向统一和水平畸变等。VR 全景视频进行正向统一的修正，其目的是为了避免镜头或画面切换时，观众丢失观看焦点而造成体验的不连续感，有助于避免寻找画面焦点而连续转动头部可能引发的眩晕感。根据体验环境和设备的不同，正向统一主要包括两种：第一种是针对固定座位的体验方式，观众最舒适、自然的朝向是座椅前方，全景视频拍摄过程中需要严格地将画面焦点稳定在同一个位置附近，在后期修正过程中将该位置调整到全景视频的中间即可，可见这种正向统一的方式比较简单；第二种是针对非固定座位的体验方式，这种情况下观众没有固定的观看方向和视角，画面焦点的变化会引起许多头部或身体的移动，此情况需要切换镜头时保证不丢失画面的焦点。第二种体验方式更好，但正向统一的过程相比第一种也更加烦琐。非固定座位观看的正向统一过程示例，如图 4-19 所示。

VR 全景视频是将多个单镜头画面进行拼接缝合而成，那么缝合过程可能会产生畸变，特别是容易出现水平方向的畸变。不论是固定拍摄还是移动拍摄，出现地平线或水平线的地方在基础修正时，往往均需要调整。遥控拍摄车、稳定器等都属于前期拍摄时相应的辅助设备，它们能有效地减少画面抖动，但无法完全避免运动画面中出现轻微抖动，尤其是高频振动，因此在基础修正环节中还需要对画面抖动进行进一步修正。

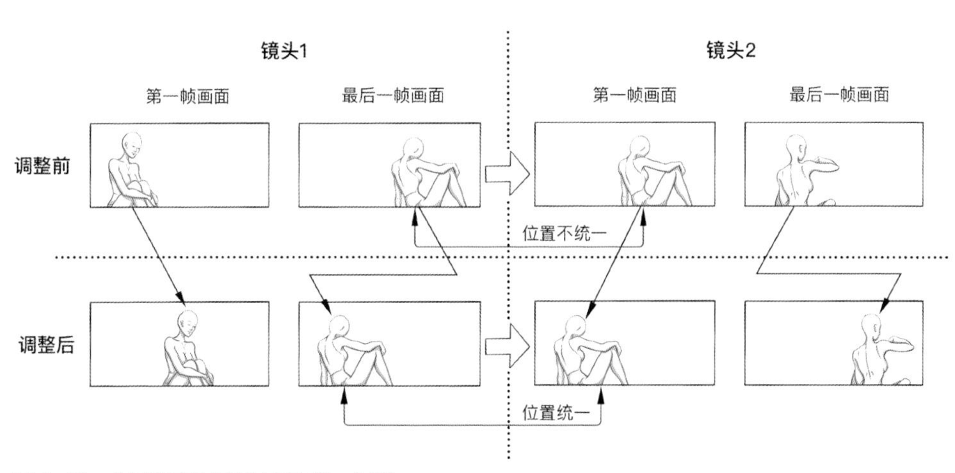

图 4-19　非固定座位观看的正向统一过程

3. 二次修正

VR 全景视频的可拍摄视角为水平 360° 和垂直 360° ，因此拍摄使用的器材，如遥控拍摄车、三脚架、无人机等也会进入画面。另外，天空和地面中心部位是由多镜头的不同画面同时拼接完成的，若拼接效果不好也会影响天空和地面的观感。经过基础修正和剪辑的全景视频已经能够获得比较流畅的观感，但在调色、特效制作等环节开始之前，还需要对天空和地面进行二次修正，这一操作简称为补天补地。

根据拍摄时全景摄影机移动与否，补天补地分为两类：静态拍摄时的补天补地和移动拍摄时的补天补地，相应的难度也有所不同。静态拍摄时补天补地比较简单，因为不涉及位置的改变，只需使用 Photoshop 软件对三脚架所在画面残缺部分进行智能填充即可。移动拍摄则比较复杂，一般需要设置两层遮罩，一层遮住需要移除的被摄物体，另一层覆盖需要移除物体所在平面，最后在跟踪完成后将需要移除物体的那层删除。为了获得更好的修补效果，前期拍摄时跟踪区域内的干扰因素越少越好，如变化的阴影、崎岖的路面等，可有效降低二次修补的工作量，同时获得更好的全景画面质量（图 4-20）。

图 4-20　使用自定义 Logo 对地面进行修改前后效果对比

4. 其他后期制作环节

完成二次修正的 VR 全景视频素材，接下来的后期制作流程与普通二维影视作品类似。但是需要注意的是，不论是特效还是调色环节，都需要考虑全景视频的形变问题。譬如补地时，如果在地面添加 Logo 用于遮挡遥控拍摄车或三脚架，则需要做形变处理，如图 4-21 所示。

特效合成、全片调色、声画合成等所有的后期环节完成之后，就可以根据具体的播放平台进行编码输出。目前还没有形成固定的行业或商业标准来规范全景视频的输出格式，尽管全景视频的分辨率越高，观众的体验感就越好，但是需要充分考虑硬件条件的限制，根据具体播放的头戴显示器和计算机的处理性能来确定全景视频的输出格式。

图 4-21　添加地面 Logo 的形变处理

第三节 剪辑与调色

一、防抖优化

这一步主要是对缝合完成后的各个场景在拼接环节无法处理的问题进行优化，譬如如何调整局部错位以及曝光不均匀等问题。针对航拍或是移动拍摄的全景素材，前期拍摄中仅仅依靠防抖云台无法完全解决的问题，还需进行跟踪防抖的运算。全景视频素材的视野盲区补齐或三脚架移除等问题，通常会利用场景中的周围环境信息进行补全。可以使用图章工具逐帧渲染，还可以使用带有视频亮度信息的图片进行填充，这也提示我们在处理移动机位（如手持、遥控车、车载等）的全景视频时，地平线稳定是一项重要的工作内容。在处理画面抖动时，可以使用 After Effects 软件中的 Mettle Skybox Convert 插件来完成。

二、数字调色

数字调色包括校准和调色两个操作步骤。校准指使用相应软件对前期视频素材在整体色彩、曝光、色阶、明暗等参数上进行统一调整，使素材能在线还原场景原本的色彩。调色则是对画面的饱和度、明暗、对比、色阶等参数进行调整进而达到需要的色彩基调，以期在视觉效果上达到渲染气氛、突出主题等效果。

全景视频的调色可以在缝合过程中进行初步调整，待缝合完成后在剪辑过程中使用 Premiere 软件进行精确调整。如图 4-22 所示，Insta360 Siticher 缝合软件即可进行初步

图 4-22 Insta360 Siticher 的简易调色界面

调色。能够调整的参数包括：亮度、对比度、高光、阴影、饱和度、色温、色调、锐度等。这些参数的调整只能针对画面全局进行修改，无法使用遮罩、蒙版之类的工具来限制调整范围，因此无法进行精确色彩校正。Insta360 Siticher缝合时进行的色彩调整操作，如图4-23所示，只适合画面整体色调、色温的微调，具体调整以Adobe Premiere软件的RBG调整为例进行解析。

使用Premiere软件进行色彩调整时，先要完成导入素材和剪辑的工作。若先进行调色工作，一旦后期将已经调整好的片段删减，会浪费前期工作的时间。如图4-24所示，粗剪完成后，进行RGB调色操作。

在时间线上选中待调色的片段后，选择“效果”标签，然后选择“视频效果”—“颜色校正”—“RGB曲线”，将“RGB曲线”滤镜从“效果”面板拖曳到时间线上待调整的片段即可，如图4-25所示。然后打开“效果控件”面板进行详细的参数调整。

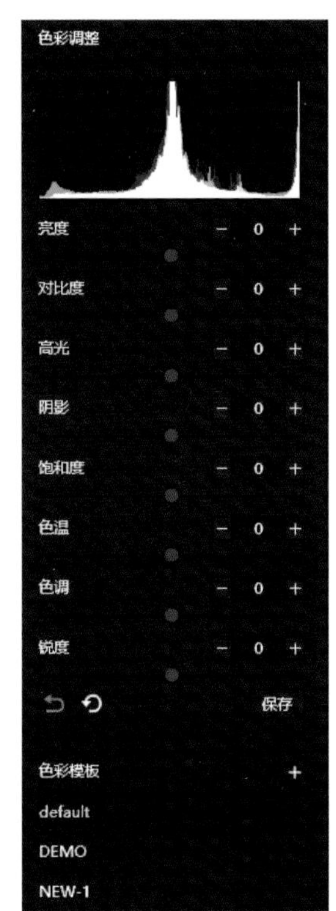

图4-23 Insta360 Siticher的调色面板

图4-24 Premiere软件中完成粗剪

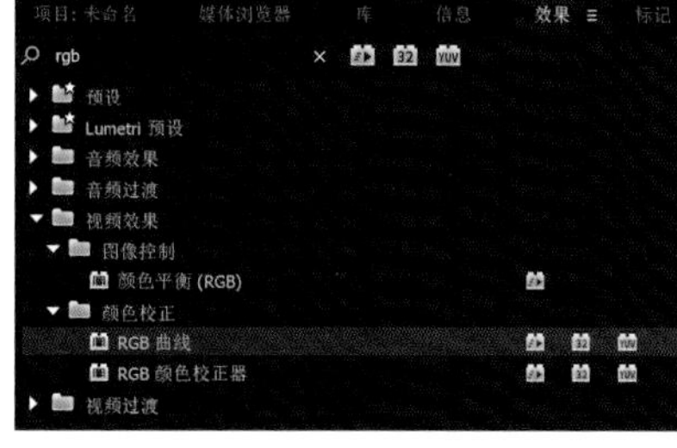

图4-25 “RGB曲线”所在目录位置

若直接在“效果控件”面板中拖曳曲线，得到的画面效果（图 4-26）与在 Insta360 Siticher 中调整得到的画面效果类似，均是对画面全局进行的调整。

下一步是精确调整，以全景画面中的红色砖墙为例，要求只改变全景画面中红色砖墙的饱和度和明度，并且不影响全景画面中其他部分的颜色。为了达到这一目的，需要借助“辅助颜色校正”功能选项。展开“辅助颜色校正”选项后，使用吸管工具吸取全景画面中砖墙的红色，然后选择“显示蒙版”按钮，如图 4-27 所示，观察全景画面中红色砖墙的选中情况。

若选择不够完全，继续使用添加颜色吸管工具，多次在画面上进行红色砖墙位置的选择，直至蒙版覆盖到想要调整的画面区域为止，如图 4-28 所示。

蒙版选择完成后，调整红色曲线，即可达成只改变全景画面中红色砖墙的目的，如图 4-29 所示。

需要进行其他颜色的精确调整，可继续添加一个新的“RGB 调整”命令，重新制作蒙版即可。

图 4-26　直接调整“效果控件”面板中的曲线

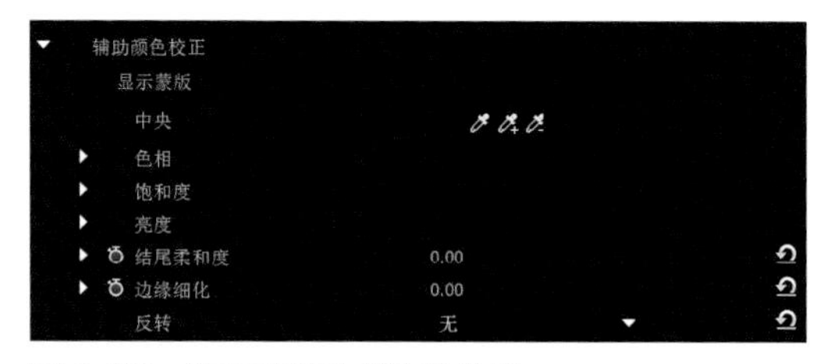

图 4-27 “显示蒙版”所在的位置

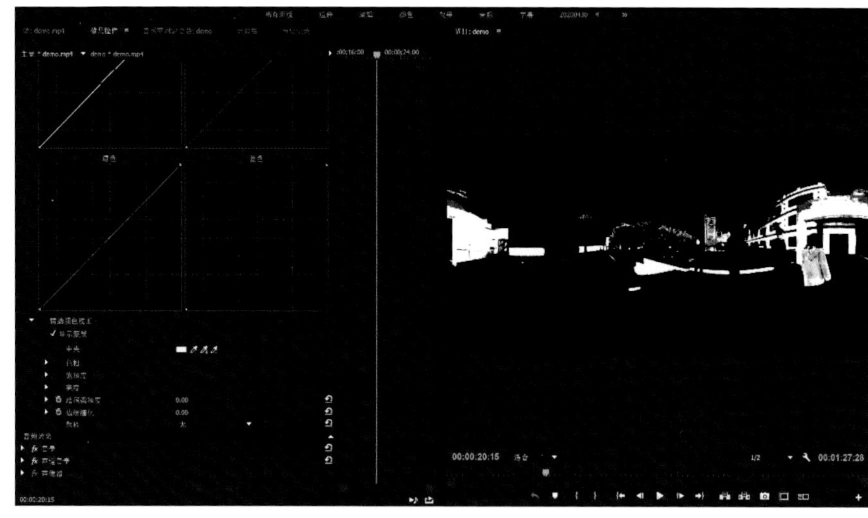

图 4-28 使用吸管工具多次选择砖墙颜色后显示蒙版的情况

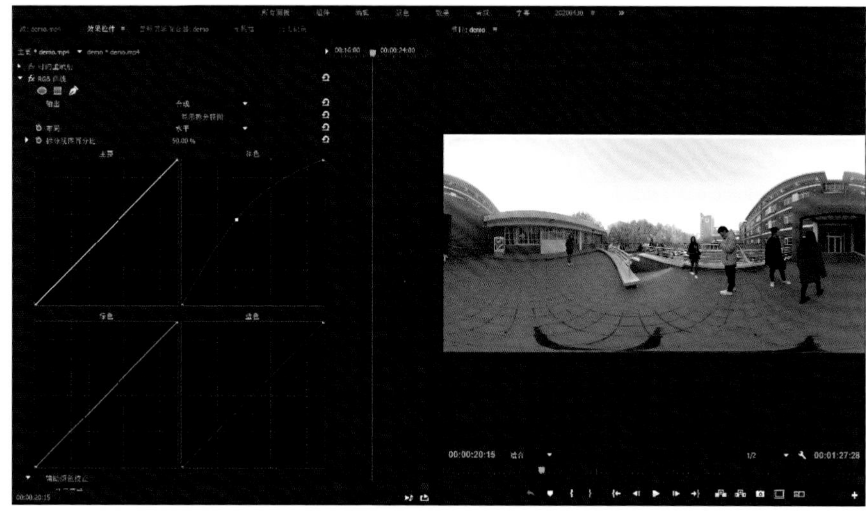

图 4-29 使用蒙版进行精确调色后的效果

第四节　输出

一、全景视频的编码和传输

1. 编码解码标准

VR 全景视频经过缝合后得到一个展平的二维视频，其分辨率至少是 4K，编码和解码时要选用 HEVC、H.264 或 AVS2 标准。

2. 帧率

帧率是决定全景视频或影片观看流畅性的重要指标。电影行业的标准是 24 f/s，我国广播电视系统针对 4K 分辨率视频匹配的帧率是 50 f/s。为了给用户提供流畅的 VR 全景视频观看体验，全景视频的帧率也需要选择 50 f/s 或以上。

如图 4-30 所示，在 Insta360 Stitcher 软件界面中，帧率设置菜单位于“输出设置”下，点击右侧的齿轮按钮即可激活帧率设置窗口。若想得到 50 f/s 或以上的帧数率，选择“59.94 f/s（光流插帧）”即可，如图 4-31 所示。

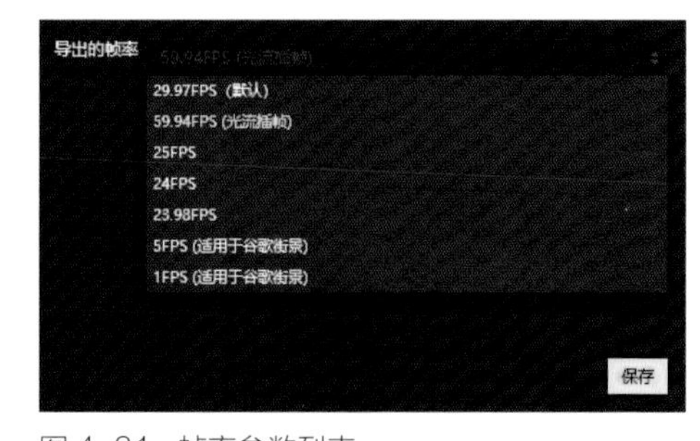

图 4-31　帧率参数列表

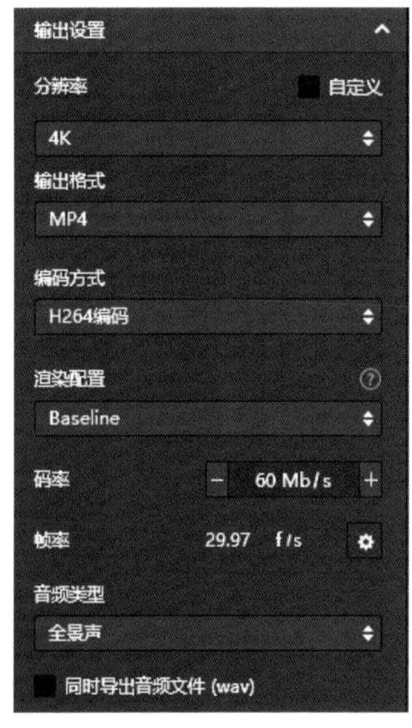

图 4-30　Insta360 Stitcher 中“输出设置”下的帧率设置菜单

3. 码率

码率是影响全景视频或影片观看清晰度的重要指标。超高清音视频对码率的消耗非常大，广电级 4K 分辨率的音视频码率一般是 25 ~ 35 Mb/s。8K 分辨率的音视频码率则需达到 85 ~ 100 Mb/s。前面章节中通过计算已得出初步结论，源端 4K 分辨率的 VR 全景视频在终端上播放时，不考虑其他因素的前提下只能达到介于标清和高清之间的观看效果。为了实现较好的清晰度和观看体验，VR 全景音视频的码率应保持在 20 ~ 30 Mb/s 之间或更高，如图 4-32 所示。

图 4-32 分辨率为 2.5K 的全景视频输出时码率选择为 25.5 Mb/s

二、软件处理能力

1. 刷新率

刷新率也是影响全景视频画面流畅性的重要指标。刷新率需要配合帧率共同产生作用，譬如 100 f/s 的帧率全景视频，则需要 100 Hz 或以上的高刷新率显示屏进行匹配显示。在显示屏支持高刷新率的前提下，帧率代表着画面实际的流畅度。观看 VR 全景视频时，画面的卡顿或不流畅一定程度上会引起眩晕感，因此 VR 全景视频的刷新率建议在 75 Hz 或以上，与之相匹配的帧率是 50 f/s 或以上。

2.GPU 渲染性能

MTP（Motion to Photons）时延是观看 VR 全景视频引起眩晕的重要因素之一，是指从头部发生运动到渲染完成后再在头戴显示器中显示出来的时间差。MTP 时延越大眩晕感越强，业内认为 MTP 时延低于 20 ms 可以很大程度地减少晕动症的发生。为了降低 MTP 时延，一方面需要提升头戴显示器的刷新率，另一方面需要提升 GPU 的渲染性能（表 4-1）。

表 4-1 VR 全景视频良好的观看体验所需的技术条件

VR 全景视频各技术环节	观看效果	视觉清晰度	观看连续性	观看眩晕感
全景视频采集拍摄	标清感	拍摄分辨率：3840×1920 像素（4K）	多个镜头之间保持良好同步快速、便捷的 I/O 接口	—
	高清感	拍摄分辨率：7680×3840 像素（8K）		
全景视频拼接	—	优化拼接算法	优化拼接算法	优化拼接算法
全景视频映射	—	改进的映射模型，增强各角度像素分布均匀性	ERP、CMP 模型需足够宽，改进映射模型	ERP、CMP 模型需足够宽，改进映射模型
全景视频编码和传输	标清感	码率 20 ~ 30 Mb/s	帧率：50 f/s	广电网络 38 Mb/s，宽带 100 Mb/s
	高清感	码率 30 ~ 70 Mb/s	帧率：50 f/s、100 f/s、120 f/s	广电网络（2 ~ 3）×38 Mb/s 宽带 300 Mb/s
全景视频终端渲染显示	标清感	显示屏分辨率为 1920×960 像素及以上，提升屏幕像素密度，降低纱窗效应	帧率为 50 f/s，匹配帧率	提高刷新率，提升 GPU 渲染性能
	高清感	显示屏分辨率为 3840×1920 像素及以上，提升屏幕像素密度，降低纱窗效应	帧率为 50 f/s、100 f/s、120 f/s，自动匹配帧率	提高刷新率，提升 GPU 渲染性能

剪辑、调色完成后，在 Premiere 软件中即可进行导出的相关操作，如图 4-33 所示。如果输出的全景视频需要在头戴显示器上播放，简易格式选择 H.264 或 H.265。如果源文件采用 4K 分辨率拍摄，则在预设中设置“匹配源 · 高比特率”即可。然后点击“输出名称”，即可对输出的文件进行重命名和选择存储目录的操作。若导出需要保留音频，则将“导出视频”和“导出音频”同时选中。导出之前在“摘要”中再次检查和确定导出的文件类型、分辨率、码率、帧率、声音采样率等参数。若想改变导出的参数，在“预设”中选择相应的视频规格和参数即可。参数设置完成后，点击“导出”按钮。

图 4-33　Premiere 软件导出界面及参数设置

第五节　VR 转场及字幕制作

与传统二维动画视频剪辑类似，VR 全景视频借助转场效果可以更好地达到时空转换的视觉效果。但由于 VR 全景视频的自身特征，其转场的应用方法和手段与传统视频存在一定差别。按照形式划分，转场效果可分为无技巧转场和有技巧转场。前者是从 A 画面直接过渡到 B 画面，即常说的硬切；后者则是 A 画面通过特定效果逐渐向 B 画面过渡。在实际的剪辑操作中，多数镜头之间都使用硬切方式。适当地使用有技巧转场可以丰富镜头画面的视觉表现力。本节首先从“溶解”类型开始介绍与传统视频相同的有技巧转场方法。接着介绍 VR 全景视频的字幕制作。

一、交叉溶解

启动 Premiere Pro CC 2018，新建项目“VR 转场”并设置好新序列。然后在“项目”面板中导入 VR 素材，如图 4-34 所示。

图 4-34　新建“VR 转场”项目

从“项目”面板中将“落叶 . mp4”与“湖边 . mp4”两段全景视频素材拖曳到“时间线”面板的 V1 轨道上，两段视频及其声音素材的关系如图 4-35 所示。

激活“效果”面板，在效果中选择“视频过渡”—“溶解”—“交叉溶解”特效，然后将“交叉溶解”拖曳至 V1 轨道的两段素材上，分别放在第一个素材开头、两段素材中间和第二个素材结尾处，如图 4-36、图 4-37 所示。

图 4-35　将全景视频素材添加至“时间线”面板

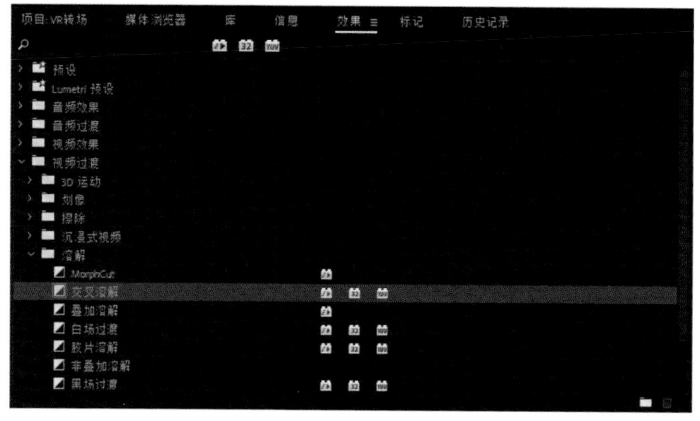

图 4-36 “交叉溶解”所在位置

图 4-37　在“时间线”面板上添加“交叉溶解”特效

若想改变交叉溶解的相关参数，需要在“时间线”面板上选中“交叉溶解”，然后在“效果控件”面板中修改相应参数。另外，在“时间线”面板上双击“交叉溶解”特效，会弹出过渡的时间长度设置窗口，可以直接输入所需的数值，也可以用鼠标按住数字进行左右拖曳，如图 4-38 所示。

参数调整完毕后，保存项目，在“节目监视器”面板中观看画面 A、过渡效果及过渡完成后得到的画面 B，如图 4-39 ~图 4-41 所示。

图 4-38　修改交叉溶解的持续时间参数

图 4-39　画面 A“落叶”

图 4-40　画面 A 和画面 B 交叉溶解

图 4-41　“交叉溶解”特效完成后的画面 B

二、叠加溶解和胶片溶解

溶解类型的过渡还有叠加溶解和胶片溶解两种，由于新建项目、添加至时间线等前期操作步骤类似，此处不再赘述，直接对“效果”所在位置和相关参数进行说明。

激活“效果”面板，选择“视频过渡”—“溶解”—“叠加溶解”特效，如图 4-42 所示，将其应用至时间线上两段素材的开头、中间和结尾位置。

调整完参数并保存场景，在“节目监视器”面板中观看过渡的最终效果，鉴于画面 A 和画面 B 效果与前文相同，此处仅展示过渡中的效果，如图 4-43 所示。

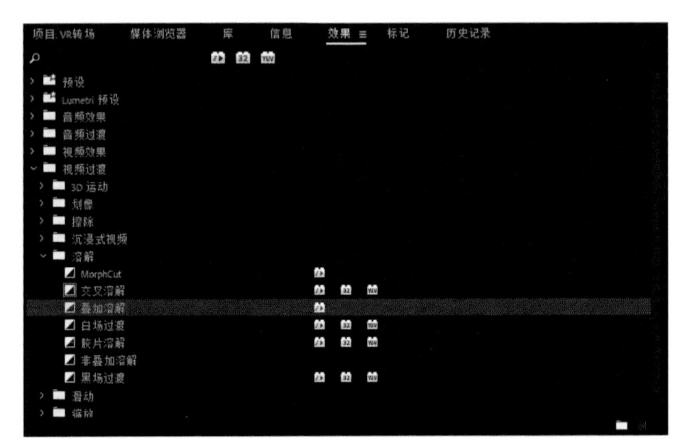

图 4-42　“叠加溶解”所在位置

图 4-43　画面之间的叠加溶解

激活“效果”面板，选择“视频过渡”—“溶解”—“胶片溶解”特效，将该特效拖曳至时间线上两段全景视频素材之间。“胶片溶解”所在位置如图 4-44 所示。

调整完参数并保存场景，在“节目监视器”面板中观看过渡的最终效果，鉴于画面 A 和画面 B 效果与前文相同，此处仅展示过渡中的效果，如图 4-45 所示。

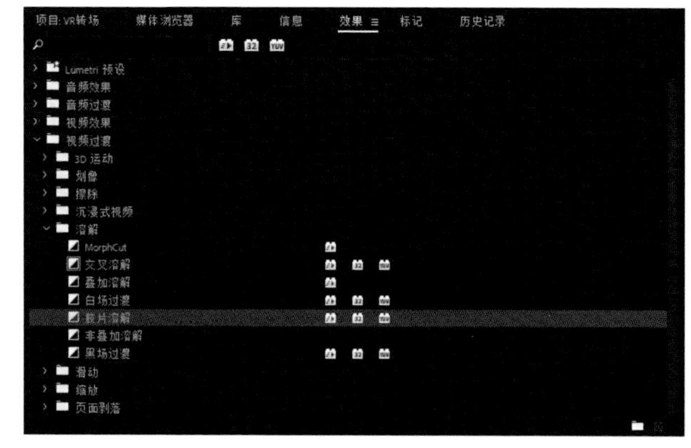

图 4-44 “胶片溶解”所在位置

图 4-45 画面之间的胶片溶解

三、沉浸式视频转场

沉浸式视频转场是专门用于 VR 全景视频过渡的特效，相比于上一版本的 Premiere 软件整组过渡特效是新添加的。这组转场特效包括 VR 光圈擦除、VR 光线、VR 渐变擦除、VR 漏光、VR 球形模糊、VR 色度泄漏、VR 随机块、VR 默比乌斯缩放。在介绍沉浸式视频转场时，使用“教学楼 .mp4”和“阳光 .mp4”两段全景视频素材进行演示。启动 Premiere Pro CC 2018 后，新建项目“沉浸式视频转场”，根据素材内容设置序列参数。从“项目”面板中导入 VR 全景素材“教学楼 .mp4”和“阳光 .mp4”。然后将两段视频素材拖曳到“时间线”面板中的 V1 轨道上，如图 4-46 所示。

在“时间线”面板中对两段视频素材进行适当剪裁。激活“效果”面板，选择“视频过渡”—“沉浸式视频”—“VR 光圈擦除”特效（图 4-47），将该特效拖曳到“时间线”面板中第一段素材前端、两段素材中间和第二段素材结尾处。

在“时间线”面板中双击“VR 光圈擦除”，调整其持续时间，如图 4-48 所示。

图 4-46　添加 VR 素材至“时间线”

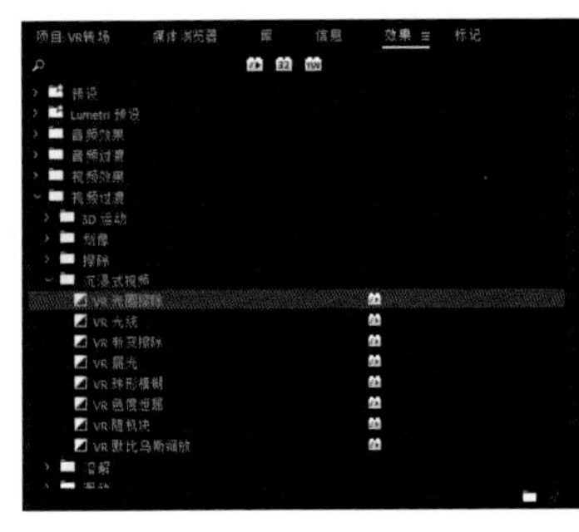

图 4-47 “VR 光圈擦除”所在位置　图 4-48　调整过渡持续时间

调整完毕后，保存项目。在“节目监视器”面板中观看过渡效果，如图 4-49 ~图 4-51 所示。

图 4-49　画面 A“教学楼”

图 4-50　画面 A 和画面 B 之间的“VR 光圈擦除”过渡效果

图 4-51　“VR 光圈擦除”完成之后的画面 B

使用展平模式观看完毕后，可在“节目监视器”面板中点击“切换 VR 显示”按钮，观看在 VR360° 场景中的过渡特效，如图 4-52 所示。

图 4-52　VR 显示模式下过渡特果

在新建项目“沉浸式视频转场”中，根据素材内容设置序列参数。从“项目”面板中导入 VR 全景素材“教学楼 .mp4”和“阳光 .mp4”。然后将两段视频素材拖曳到“时间线”面板中的 V1 轨道上。在“时间线”面板中对两段视频素材进行适当剪裁。激活“效果”面板，选择“视频过渡”—“沉浸式视频”—VR 渐变擦除”特效，将该特效拖曳到“时间线”面板中第一段素材前端、两段素材中间，如图 4-53 所示。

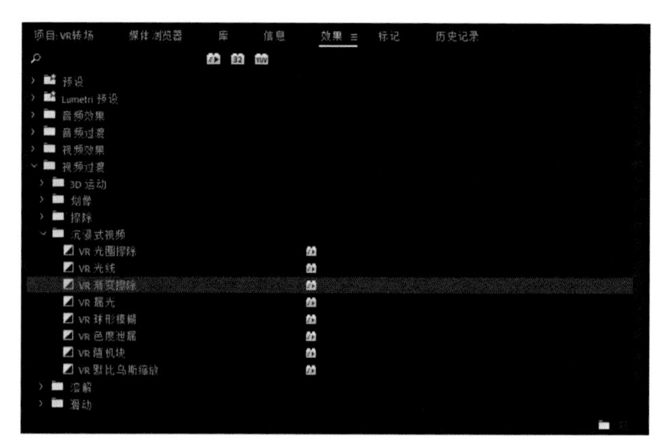

图 4-53　“VR 渐变擦除”所在位置

若想更改“VR渐变擦除”参数，可在“时间线”面板中选中相应特效，然后来到“效果控件”面板。如果VR素材是上下双目排列，需要将该过渡特效中的“帧布局”选择为“立体 - 上 / 下”，“渐变布局”同样也选择为“立体 - 上 / 下”，“羽化值”可以根据需求进行修改，数值越大过渡效果越自然。“VR 渐变擦除”参数选项如图 4-54 所示。

场景保存完毕后，在“节目监视器”面板中观看最终过渡效果，如图 4-55 所示。

图 4-54 “VR 渐变擦除”参数选项

图 4-55 画面 A 和画面 B 之间的“VR 渐变擦除”过渡效果

使用展平模式观看完毕后，可在“节目监视器”面板中，点击“切换 VR 显示”按钮，观看在 VR360° 场景中的过渡特效，如图 4-56 所示。

图 4-56　VR 显示模式下过渡效果

在项目“沉浸式视频转场”中，根据素材内容设置序列参数。从“项目”面板中导入 VR 全景素材“教学楼 .mp4”和“阳光 .mp4”。然后将两段视频素材拖曳到“时间线”面板中的 V1 轨道上。在“时间线”面板中对两段视频素材进行适当剪裁。激活“效果”面板，选择“视频过渡”—“沉浸式视频”—“VR 光线”特效，如图 4-57 所示，将该特效拖曳到“时间线”面板中两段素材之间。

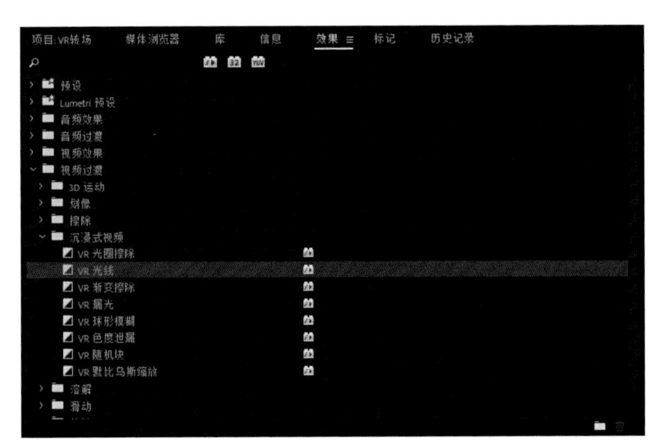

图 4-57　“VR 光线”特效所在位置

在“时间线”面板中选中“VR 光线”特效，打开“效果控件”面板调整相应参数，如图 4-58 所示。如果使用的 VR 全景视频素材是上下双目排列，需要在“帧布局”菜单中选择“立体 - 上 / 下”，“对齐方式”选择从中心切入。以调整清晨朝阳的晨曦为例，可调整“光线长度”为 55，“亮度阈值”为 95，“曝光”为 50，可使得 VR 光线过渡效果自然流畅。

场景保存完毕后，在“节目监视器”面板中观看最终过渡效果，如图 4-59 所示。

图 4-58 “VR 光线”效果控件面板中的参数设置

图 4-59 “VR 光线”特效最终过渡效果

使用展平模式观看完毕后，可在“节目监视器”面板中点击“切换 VR 显示”按钮，观看在 VR360° 场景中的过渡特效，如图 4-60 所示。

图 4-60 VR 显示模式下“VR 光线”效果

在项目“沉浸式视频转场”中，根据素材内容设置序列参数。从“项目”面板中导入 VR 全景素材“教学楼 .mp4”和“阳光 .mp4”。然后将两段视频素材拖曳到“时间线”面板中的 V1 轨道上。在“时间线”面板中，对两段视频素材进行适当剪裁。激活“效果”面板，选择“视频过渡”—“沉浸式视频”—“VR 漏光”特效，如图 4-61 所示，将该特效拖曳到“时间线”面板中第一段素材后面。

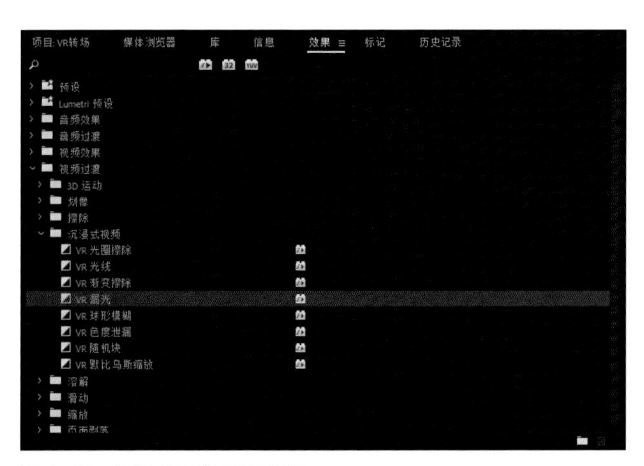

图 4-61 “VR 漏光”所在位置

在“时间线”面板中选中“VR 漏光”特效，打开“效果控件”面板调整相应参数，如图 4-62 所示。如果使用的 VR 全景视频素材是上下双目排列，需要在“帧布局”菜单中选择“立体 - 上 / 下”，“持续时间”修改为 1 s25 帧，“对齐方式”选择从中心切入。“泄露基本色相”设置为 40，“泄露强度”调整为 35，“泄露曝光度”设置为 10，可使得 VR 漏光过渡效果自然流畅。

场景保存完毕后，在“节目监视器”面板中观看最终过渡效果，如图 4-63 所示。

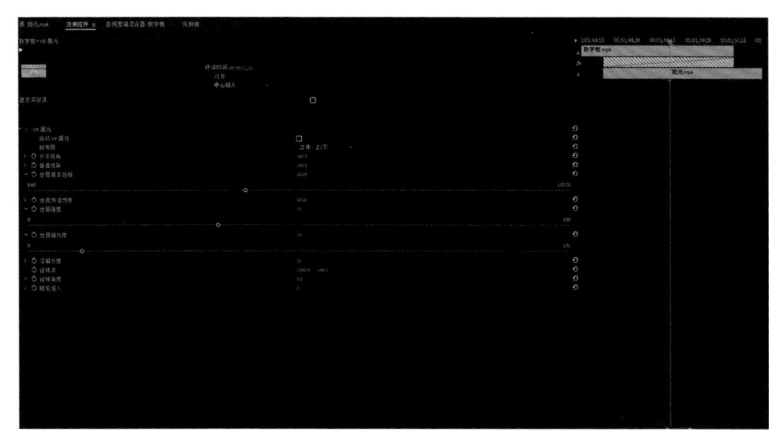

图 4-62 “VR 漏光”参数设置

图 4-63 “VR 漏光”过渡效果

使用展平模式观看完毕后，可在“节目监视器”面板中点击“切换 VR 显示”按钮，观看在 VR360° 场景中的过渡特效，如图 4-64 所示。

图 4-64　VR 显示模式下“VR 漏光”效果

在项目“沉浸式视频转场”中，根据素材内容设置序列参数。从“项目”面板中导入 VR 全景素材“教学楼 .mp4”和“阳光 .mp4”。然后将两段视频素材拖曳到“时间线”面板中的 V1 轨道上。在“时间线”面板中对两段视频素材进行适当剪裁。激活“效果”面板，选择“视频过渡”—“ 沉浸式视频”—“VR 球形模糊”特效，如图 4-65 所示，将该特效拖曳到“时间线”面板中第一段素材后面。

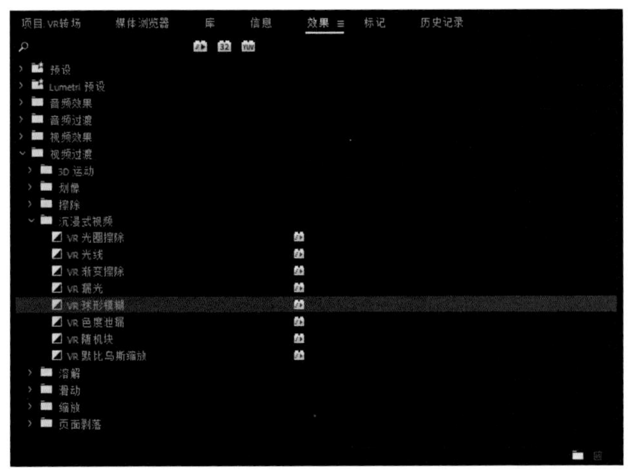

图 4-65 “VR 球形模糊”所在位置

在“时间线”面板中选中“VR 球形模糊”特效，如图 4-66 所示，打开“效果控件”面板调整相应参数。过渡效果的“持续时间”修改为 1 s20 帧，“对齐方式”选择自定义起点，如果使用的 VR 全景视频素材是上下双目排列，需要在“帧布局”菜单中选择“立体 - 上 / 下”，“模糊强度”修改为 10，“曝光”设置为 20，可使得 VR 球形模糊过渡效果自然流畅。

场景保存完毕后，在“节目监视器”面板中观看最终过渡效果，如图 4-67 所示。

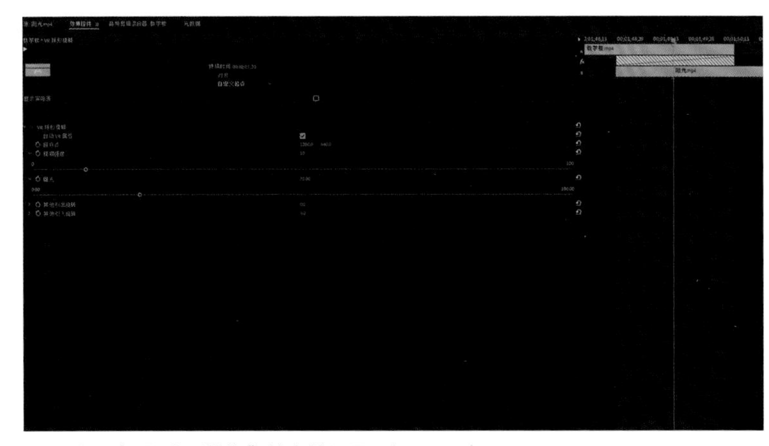

图 4-66 “VR 球形模糊”的参数设置面板

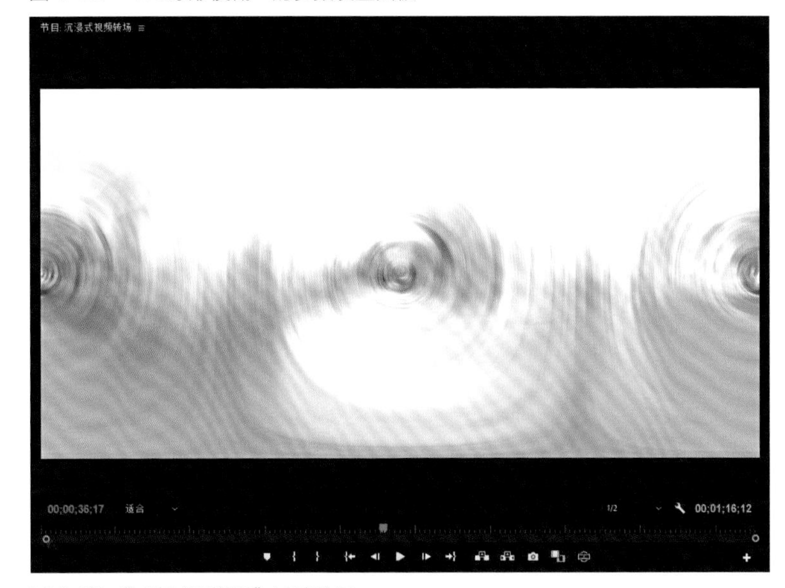

图 4-67 “VR 球形模糊”过渡效果

使用展平模式观看完毕后，可在“节目监视器”面板中点击“切换 VR 显示”按钮，观看在 VR360° 场景中的过渡特效，如图 4-68 所示。

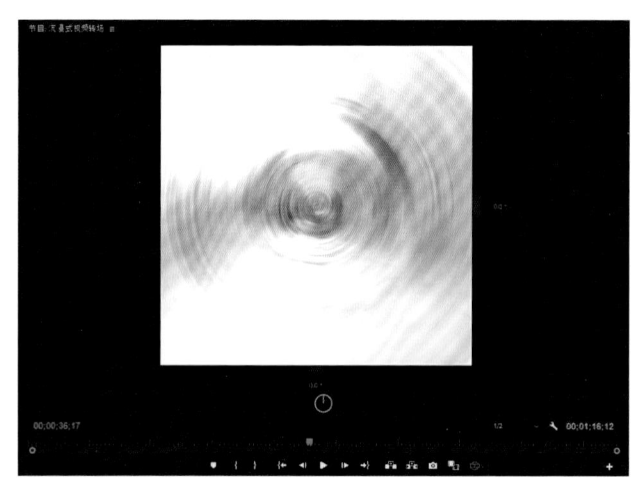

图 4-68 VR 显示模式下“VR 球形模糊”效果

在项目“沉浸式视频转场”中，根据素材内容设置序列参数。从“项目”面板中导入 VR 全景素材“教学楼 .mp4”和“阳光 .mp4”。将两段视频素材拖曳到“时间线”面板中的 V1 轨道上。在“时间线”面板中对两段视频素材进行适当剪裁。激活“效果”面板，选择“视频过渡”—“沉浸式视频”—“VR 色度泄露”特效，如图 4-69 所示，将该特效拖曳到“时间线”面板中两段素材之间。

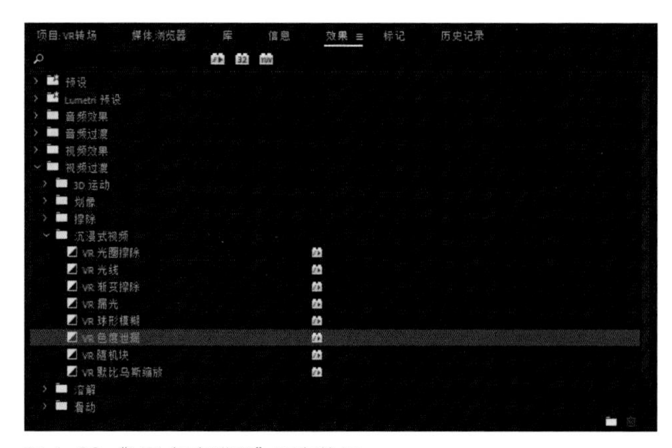

图 4-69 “VR 色度泄露”所在位置

使用鼠标在“时间线”画板中选中“VR 色度泄露”特效，打开“效果控件”面板调整相应参数，如图 4-70 所示。过渡效果的“持续时间”修改为 2 s，“对齐方式”选择自定义起点，如果使用的 VR 全景视频素材是上下双目排列，“帧布局”菜单中选择“立体 - 上 / 下”，“水平泄露强度”修改为 50，“垂直泄露强度”设置为 10，“亮度阈值”设为 50，“泄露亮度”设为 15，“泄露饱和度”设置为 80，可使得 VR 色度泄露过渡效果自然流畅，且色彩感觉趋向于实际拍摄画面。

场景保存完毕后，在“节目监视器”面板中观看最终过渡效果，如图 4-71 所示。

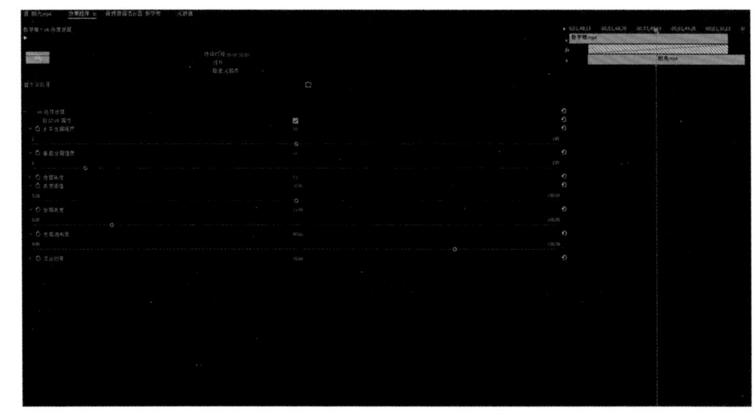

图 4-70 “VR 色度泄露”的参数设置面板

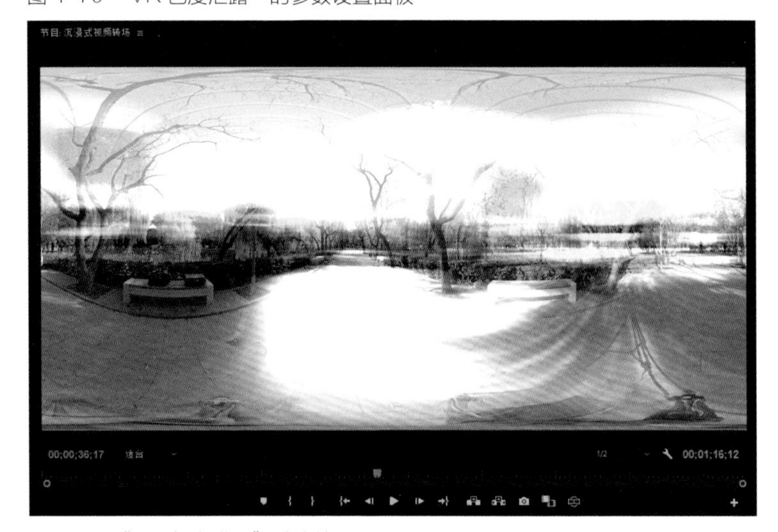

图 4-71 “VR 色度泄露”过渡效果

使用展平模式观看完毕后，可在“节目监视器”面板中点击“切换 VR 显示”按钮，观看在 VR360° 场景中的过渡特效，如图 4-72 所示。

图 4-72　VR 显示模式下“VR 色度泄露”效果

在项目“沉浸式视频转场”中，根据素材内容设置序列参数。从“项目”面板中导入 VR 全景素材“教学楼 .mp4”和“阳光 .mp4”。然后将两段视频素材拖曳到“时间线”面板中的 V1 轨道上。在“时间线”面板中对两段视频素材进行适当剪裁。激活“效果”面板，选择“视频过渡”—“沉浸式视频”—“VR 随机块”特效，如图 4-73 所示，将该特效拖曳到“时间线”面板中第一段素材之后。

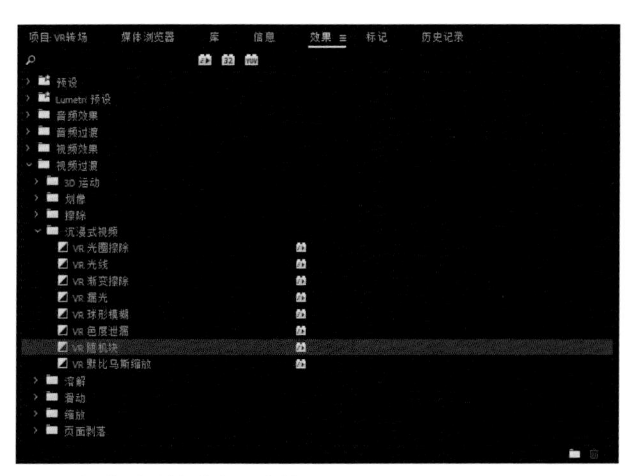

图 4-73 “VR 随机块”所在位置

使用鼠标在“时间线”面板中选中“VR 随机块”特效，打开“效果控件”面板调整相应参数，如图 4-74 所示。过渡效果的“持续时间”修改为 3 s20 帧，“对齐方式”选择自定义起点，如果使用的 VR 全景视频素材是上下双目排列，“帧布局”菜单中选择“立体 - 上 / 下”，“块宽度”修改为 40，“块高度”也设置为 40，“大小偏差”设为 25，“羽化值”设为 0.1，可使得 VR 随机块过渡效果自然流畅且能产生时空穿梭的视觉沉浸感。

场景保存完毕后，在“节目监视器”面板中观看最终过渡效果，如图 4-75 所示。

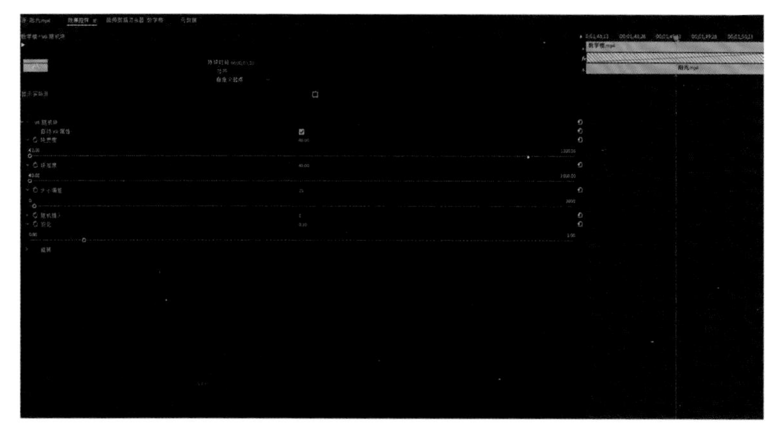

图 4-74 “VR 随机块”的参数设置面板

图 4-75 “VR 随机块”过渡效果

使用展平模式观看完毕后，可在“节目监视器”面板中点击“切换 VR 显示”按钮，观看在 VR360° 场景中的过渡特效，如图 4-76 所示。

图 4-76　VR 显示模式下“VR 随机块”效果

在项目“沉浸式视频转场”中，根据素材内容设置序列参数，如图 4-77 所示。从“项目”面板中导入 VR 全景素材“教学楼 .mp4”和“阳光 .mp4”。将两段视频素材拖曳到“时间线”面板中的 V1 轨道上。在“时间线”面板中对两段视频素材进行适当剪裁。激活“效果”面板，选择“视频过渡”—“沉浸式视频”—“VR 默比乌斯缩放”特效，将该特效拖曳到“时间线”面板中第一段素材之后。

图 4-77 “VR 默比乌斯缩放”所在位置

使用鼠标在“时间线”上选中“VR 默比乌斯缩放”特效，打开“效果控件”面板调整相应参数，如图 4-78 所示。过渡效果的“持续时间”修改为 1 s25 帧，“对齐方式”选择自定义起点，如果使用的 VR 全景视频素材是上下双目排列，“帧布局”菜单中选择“立体 - 上 / 下”，“缩小级别”修改为 10，“放大级别”也设置为 10，“羽化值”设为 1，可使得 VR 默比乌斯缩放效果自然流畅。

场景保存完毕后，在“节目监视器”面板中观看最终过渡效果，如图 4-79 所示。

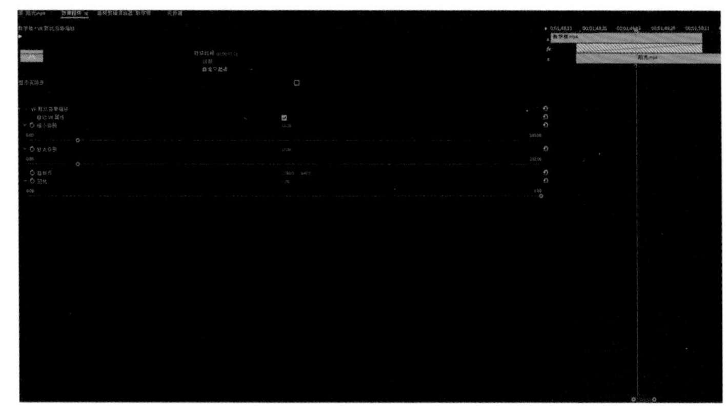

图 4-78 “VR 默比乌斯缩放”的参数设置面板

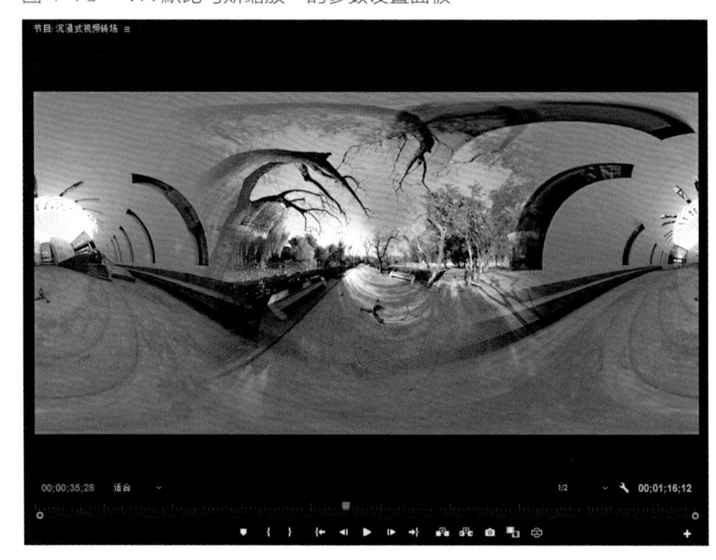

图 4-79 “VR 默比乌斯缩放”过渡效果

使用展平模式观看完毕后，可在“节目监视器”面板中点击“切换 VR 显示”按钮，观看在 VR360° 场景中的过渡特效，如图 4-80 所示。

图 4-80　VR 显示模式下“VR 默比乌斯缩放”效果

四、VR 全景视频字幕制作

在影视作品中，字幕可以起到传递信息、解释画面内容、补充画面隐藏信息、美化画面效果的作用。字幕制作的水平直接影响了作品整体的观赏性。2018 版本的 Premiere 软件的字幕工具出现了较大的更新。VR 字幕制作要求字幕影像的画面也是 360° 全景的效果，即一个球面，VR 全景视频字幕需要贴合在画面的球面上，不能仅仅简单地制作平面字幕。其中最高效简单的方法即使用 Premiere 的插件对字幕进行处理。

运行 Premiere Pro CC 2018，新建项目“VR 字幕”后设置相应序列参数。然后在“项目”面板中导入 VR 素材“教学楼 .mp4”“阳光 .mp4”“落叶 .mp4”“湖边 .mp4”等 4 个文件，并以图标方式进行查看，如图 4-81 所示。

图 4-81 “项目”面板中显示相应素材

从“项目”面板中将VR素材“教学楼.mp4”拖曳到“时间线”面板中，若需要设置“入点”和“出点”，需先在“源监视器”中设置完成，再将素材拖曳至“时间线”面板的V1轨道上，如图4-82所示。

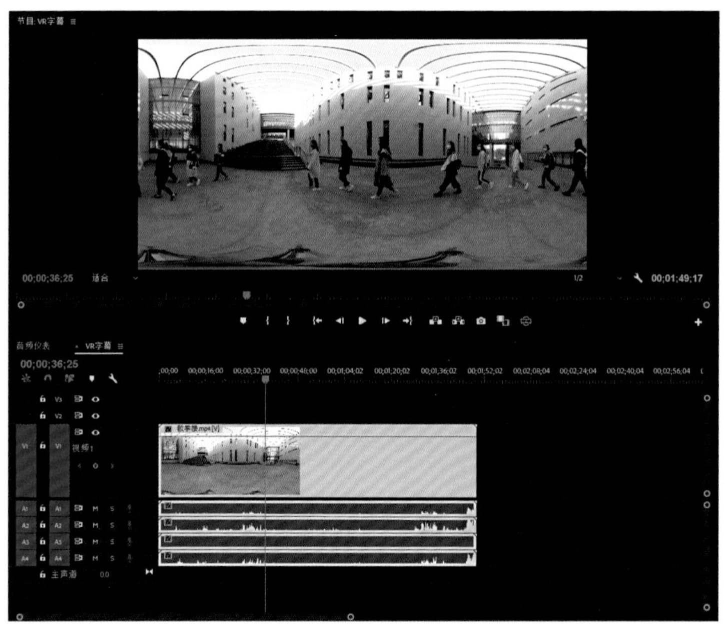

图4-82　将VR视频素材添加至“时间线”面板

在工具栏中选择“文字工具”图标按钮，鼠标会变成插入文字的箭头形状。在“节目”面板中确定字幕出现的位置后单击鼠标，面板中会出现添加字幕的红色框，直接使用键盘输入字幕内容。与此同时，“时间线”面板中的V2轨道会自动出现标示“字幕”的轨道素材，如图4-83所示。

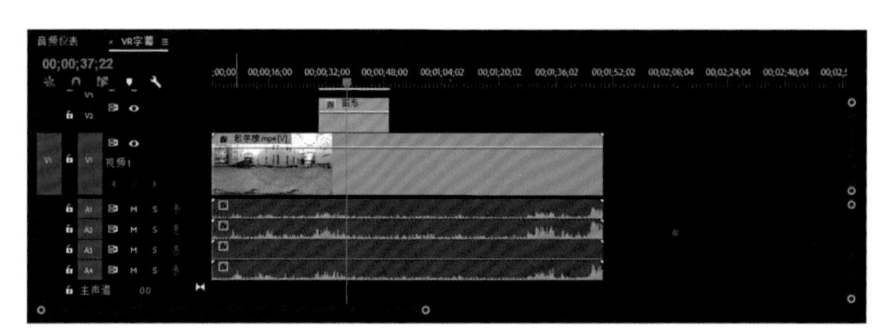

图4-83　“文字工具”添加字幕后“时间线”面板呈现的状态

在文字输入框内使用键盘输入文字内容“我是爱南开的”，如图 4-84 所示。

下一步调整字幕的字体、大小、颜色和位置等信息。使用鼠标单击选择时间线 V2 轨道上的字幕素材，激活“效果控件”面板，如图 4-85 所示。若要改变字幕内容，可在“文本”栏中进行修改；“源文本”可选择想要使用的字体，此处改为“幼圆”，字体大小设置为 100，“外观”勾选填充为白色，描边、阴影选项可根据需求进行修改。位置的默认值：X 设为 86，Y 设为 1037。当工具模式由“文字工具”切换至“选择工具”后，“节目”面板字幕上的红框会变成蓝色，此时字幕内容无法编辑。仅可使用选择工具拖动字幕条，来微调字幕位置和缩放大小。

图 4-84　输入字幕文字内容

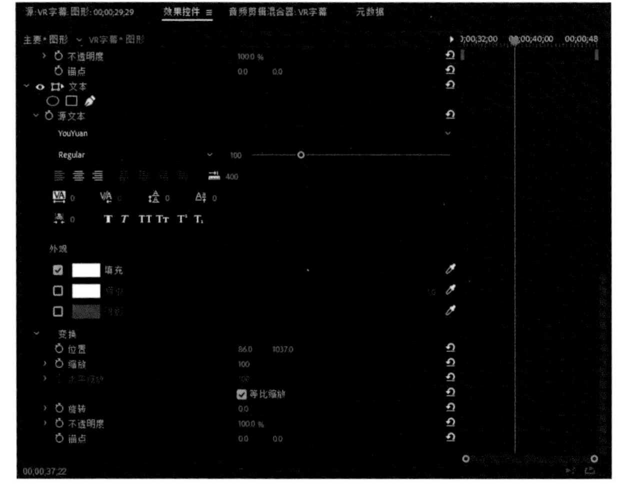

图 4-85　调整 VR 字幕效果的参数

在“时间线”面板中拖动字幕素材，将其持续时间调为与 VR 素材时间一致，如图 4-86 所示。激活“效果”面板，选择“视频效果”—“沉浸式视频”—“VR 平面到球面”，如图 4-87 所示，使用鼠标将该效果拖曳至时间线面板的字幕素材上。此时在“节目”面板中可见字幕变成了弯曲的球面形状，如图 4-88 所示。

图 4-86　微调字幕的位置、大小和颜色等参数

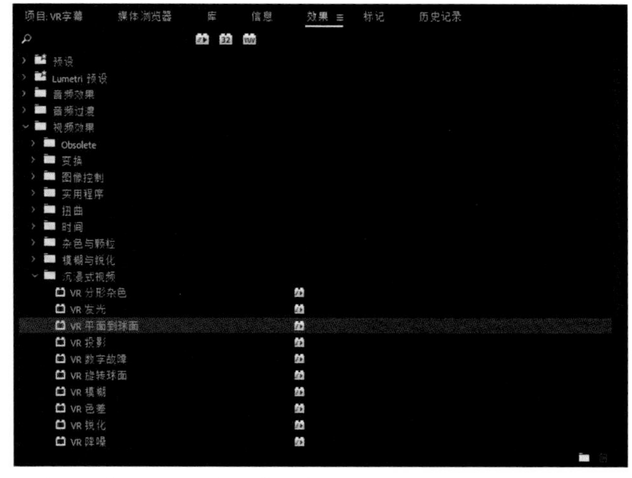

图 4-87 “VR 平面到球面”所在位置

图 4-88 使用“VR 平面到球面”后的效果

若想进一步修改参数，可以再次激活“效果控件”面板，如图 4-89 所示。查看“VR 平面到球面”效果，如果 VR 素材为立体形式，“帧布局”需要切换成“立体 - 上 / 下”，此时字幕也会切换成上下两层，符合 VR 全景的双目模式。另外，可根据具体的视觉效果调整“缩放”值。字幕的位置和大小发生改变后，使用“选择工具”双击“节目”面板上的字幕，如图 4-90 所示，会发现之前的操作步骤让字幕变成了“图片”状态，无法再调整其内容。此时可使用键盘上的方向键调整字幕的位置，使用鼠标拖动字幕的边缘位置来调整缩放大小。

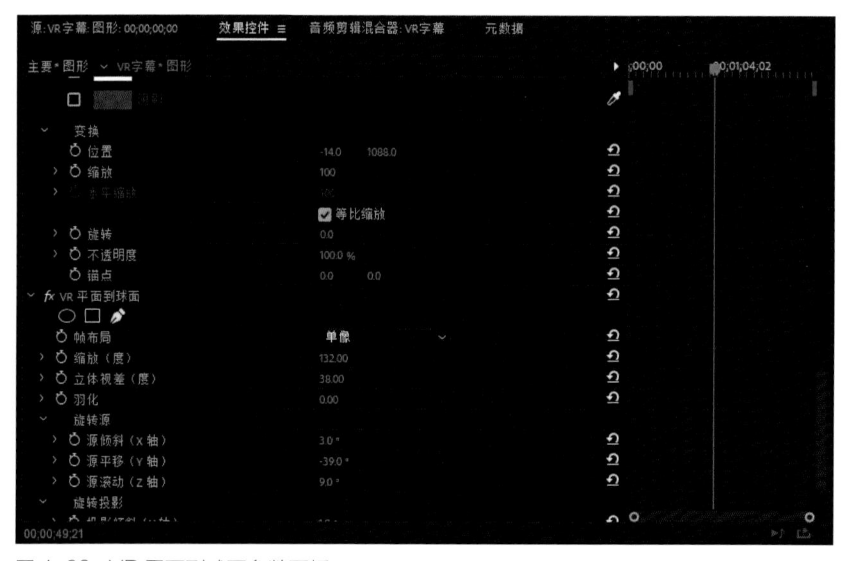

图 4-89　VR 平面到球面参数面板

图 4-90　VR 显示模式下的字幕效果

第五章
VR 全景视频展示

第一节　手机 APP 的全景视频展示方法

Insta360 ONE/Insta360 air 等手机使用全景摄像头可以直接使用附带的 APP 进行全景视频展示，本节以 Insta360 ONE 为例进行演示。

首先，将 Insta360 ONE 的数据接口弹出并连接到手机后，全景摄像头会自动启动。同时手机中安装的适配 APP 也会自动启动，如图 5-1 所示。

当然，也可以自己预先在手机里启动 APP。这里相适配的 APP 有以下两款。第一款是 Insta360 ONE 相机控制 APP，如图 5-2 所示。它是控制 Insta360 ONE 相机的客户端，帮助我们对相机进行操作。第二款是 Insta360 Player（图 5-3），它支持 Insta360 全景相机产生的内容，并支持画面比例为 2 ：1 的标准全景视频和图片的播放，支持各个平台播放。

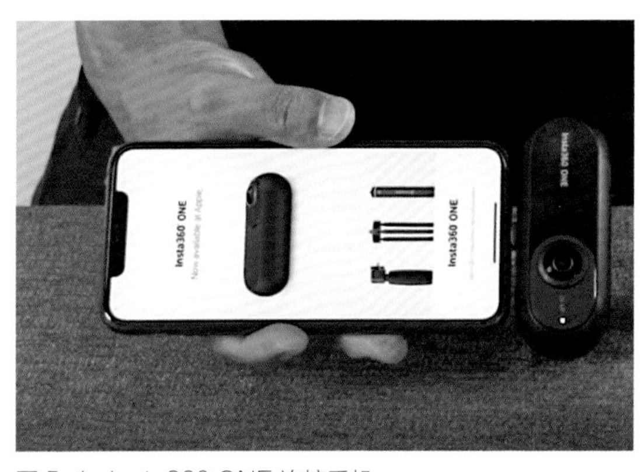

图 5-1　Insta360 ONE 连接手机

图 5-2　Insta360 ONE 相机控制 APP

图 5-3　Insta360 Player

由于手机数据接口在其底部，连接 Insta360 ONE 相机后，若拍摄时发生抖动，容易导致相机与手机脱离、跌落的风险。此时需要将手机倒置，让 Insta360 ONE 相机在手机上方，为保证画面方向正确，关闭手机上的锁定即可（图 5-4）。这样操作的第二个好处是：手机可以充当 Insta360 ONE 相机的手柄，有利于拍摄过程中的握持。

在 Insta360 ONE 相机控制 APP 界面中，拍摄按钮上方有四个操作模式，分别是：照片、视频、360 直播、可选视角直播，如图 5-5 所示。

图 5-4　Insta360 ONE 拍摄界面截图

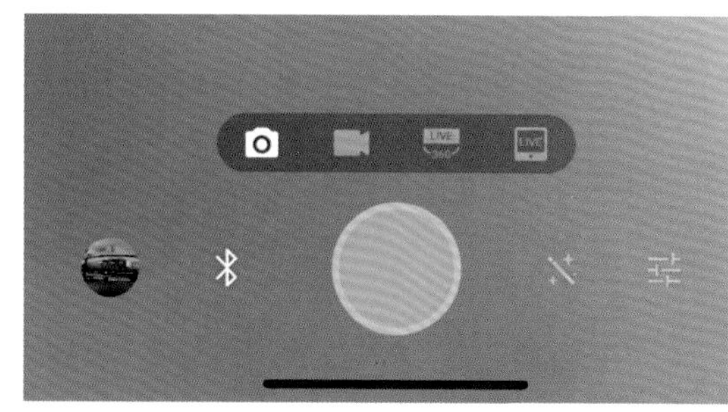

图 5-5　Insta360 ONE 相机控制 APP 界面的四个操作模式

点击 APP 中的“相册”按钮，即可进入 Insta360 ONE 相机控制 APP 的相册界面。在 APP 界面上方有照片、视频和子弹时间三个内容分隔。以全景照片为例进行演示，打开相册中的一幅全景照片后，首先可以看到画面左下角有查看方式的选择按钮。该按钮共包括三种查看方式：平铺、鱼眼和小行星。依次点击该按钮，即可在三种模式中进行切换，如图 5-6 所示。

图 5-6　全景图片同一场景的三种查看方式

在以上三种查看方式中，可以直接用手指在手机屏幕上拖曳的方法来实现视角的选择。选择视角还有第二种方法，即借助手机自带的陀螺仪。开启陀螺仪的方法：点击 APP 右上角的“更多设置”按钮，即可弹出“Gyro”选项，如图 5-7 所示。

“水平校正”功能开启后，查看全景图片过程中，APP 会自动对画面中的水平面进行校准，并以校准后的水平面来展现全景图片。

“Logo”功能开启后，在 Insta360 ONE 相机控制 APP 里，看见的手持手机的位置会自动植入 Insta360 ONE 的图标和字样，自此遮挡全景画面缝合产生的扭曲和部分手机的画面。

“优化拼接”功能开启后，APP 自动对全景图片和视频的画面拼接进行光流算法的优化，一般情况下，建议开启此功能。

对于“防水壳拼接”，当需要使用 Insta360 ONE 相机搭配防水壳进行水下画面的拍摄时，需要开启此功能选项。

图 5-7 “更多设置”窗口菜单

最后重点介绍一下“VR”功能，开启此功能后，全景画面会自动从当前的平铺、鱼眼和小行星之一直接进入 VR 的双目模式，画面分割成左右眼模式。可使用简易的头戴显示器，按照画面中心的分割线安装后对全景照片和视频进行查看预览。在 VR 模式下，手机的陀螺仪会自动启动，调整手机的位置，画面会跟随陀螺仪的转动而转动，如图 5-8 所示。

Insta360 ONE 相机控制 APP 除了在手机上展示全景图片和照片，其主要功能还是完成拍摄的控制任务。而 Insta360 Player 则只具备完全的展示功能，它不仅支持播放 Insta360 全景相机产生的内容，还支持画面比例为 2 ： 1 的标准全景视频和图片的播放，并且支持各个平台播放。Insta360 Player 软件界面如图 5-9 所示。

图 5-8　横置手机后 VR 模式自动旋转画面

图 5-9　Insta360 Player 软件界面

如果要打开手机内存储的全景图片或视频资源，点击右上角的“+”按钮，选择“本地相册”即可（图 5-9）。接下来在手机相册内选中想要播放的全景图片或视频对象（图 5-10），即进入播放界面，控制、播放 / 暂停、模式选择、手动拖曳 / 陀螺仪选项的操作方法与 Insta360 ONE 相机控制 APP 一致，具体操作方法和流程参考上文对 Insta360 ONE 相机控制 APP 的介绍。

图 5-10　Insta360 Player 播放本地相册的内容

在 Insta360 Player 的设置菜单中，如图 5-11 所示，有亮度调整的滑块，可以进行画面亮度的调节，获得较好的观感。与 Insta360 ONE 相机控制 APP 最大的区别是，Insta360 Player 进入 VR 模式后，多出一个 VR FOV（Field of View）的参数，可供调整。FOV 即视场角，在光学仪器中，以光学仪器的镜头为顶点，被测目标的物象通过镜头的最大范围的两条边缘构成的夹角，称为视场角。简言之，在显示系统中，视场角就是显示器边缘与观察点（眼睛）连线的夹角。Insta360 Player 之所以提供 FOV 参数的调整选项，正是因为其能够播放其他设备拍摄的画面比例为 2 ∶ 1 的标准全景视频和图片，并且支持各个平台播放。

并非 FOV 值越高，沉浸感越强。这是因为沉浸感还与屏幕的大小有关系。当我们使用屏幕进行全景视频的 VR 模式观看时，屏幕越大，对视场角的要求越高，而手机屏幕小则不要求那么高的视场角。手机屏幕小，FOV 值大，反而会破坏沉浸感，因此以手机屏幕的大小作为参照，选择虚拟现实眼镜会更合理。表 5-1 可以帮助大家根据自己手机屏幕的尺寸选择合适 FOV 值。

图 5-11 Insta360 Player 设置界面

表 5-1 FOV 值与手机屏幕大小的参考关系

视场角（°）	最大可视范围（mm）	有沉浸感的手机对角线尺寸（in）
100	33	5.7 ~ 6.2
90	29	5.1 ~ 5.7
80	25	4.7 ~ 5.1

第二节　电脑显示器全景视频展示

Windows 平台上播放全景视频，可以实现简单的鼠标、键盘交互。Windows 10 默认的应用程序中“电影与电视”即可播放平铺的全景视频。打开任意一个已经缝合完成的全景视频文件，使用“电影与电视”程序打开。

全景视频文件打开以后，默认开始播放。使用鼠标就可以在画面上进行拖曳，拖曳画面可以视为选择观看的视角，如图 5-12 所示。可以尝试左右拖曳 360° 查看全景，上下拖曳 180° 查看天空至脚底（三脚架所在位置）的画面范围。

在窗口右下角，点击“停止以 360° 视频形式播放”按钮，如图 5-13 所示，即可进入“平铺”观看模式。

图 5-12 “电影与电视”程序可使用鼠标拖曳改变视角

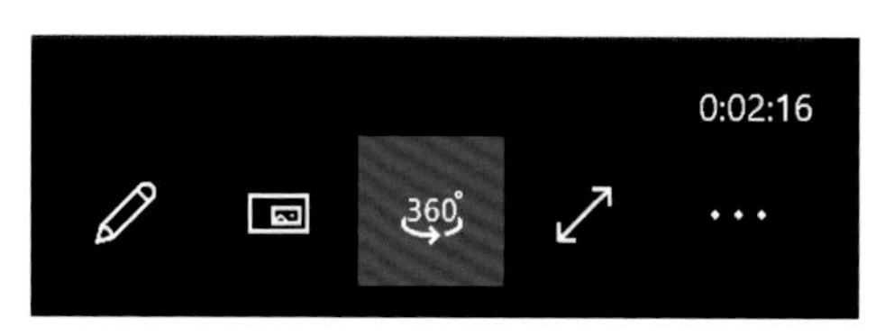

图 5-13 “停止以 360° 视频形式播放”按钮

进入“平铺”观看模式后，如图 5-14 所示，鼠标和键盘就不能进行拖曳的交互了。

播放窗口的右上角有一个雷达图标，如图 5-15 所示，使用鼠标点按中间的射线范围也可以起到改变视角的作用。点击外侧的四个箭头，可以按固定角度改变视角。同时，在雷达图标正上方有一个小三角指示图标，在完成视点选择并观看后点击它，可以重新定位视频中的凝视方向。

在电脑显示器上观看全景视频，成本较低，使用普通显示器即可。但是交互的方法没有摆脱计算机输入的限制，即只能使用鼠标进行简单交互。同时视角的改变也不是随着观众头部的运动而变化。整个观看的过程与在计算机上玩第一人称游戏的体验感近似，且观看介质依然是二维屏幕。总而言之，在电脑显示器上观看全景视频，操作简单，但沉浸感较差。

图 5-14 “平铺”模式

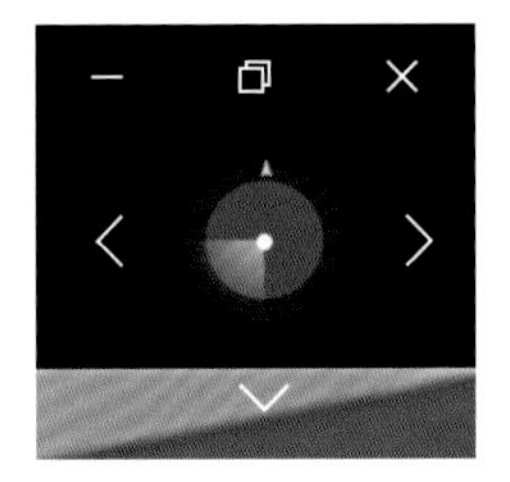

图 5-15 可使用箭头调整改变播放视角

第三节　头戴显示器全景视频展示

本节以 HTC Vive 头戴显示器为例，进行全景视频展示的讲解。HTC Vive 主要包括五个部件：头戴显示器、两个激光定位器（用于空间中头戴显示器和手柄的定位）、两个手柄（用于控制和交互），如图 5-16 所示。

首先将两个定位器进行安装和通电，实验室内使用头戴显示器的位置相对固定，因此直接将定位器安装在墙壁上，省去灯架，通电后即可使用。头戴显示器的线缆连接在接头部位一分为三，分别是 HDMI、USB 和电源接头，如图 5-17 所示。

在电脑端连接相应的 HDMI 和 USB 接头即可，HDMI 接口负责传输图像和画面，USB 则将头戴显示器的位置、移动等信息回传给计算机。电源接口负责为头戴显示器供电。将头戴显示器和电脑连接完成并通电后，在计算机上启动 Steam VR 软件。在软件界面串口中，绿色表示启动正常，灰色表示未启动或连接错误。若出现错误，将鼠标悬停在报错窗口上点击弹出菜单，即可进入修复进程，按软件提示操作即可，如图 5-18 所示。

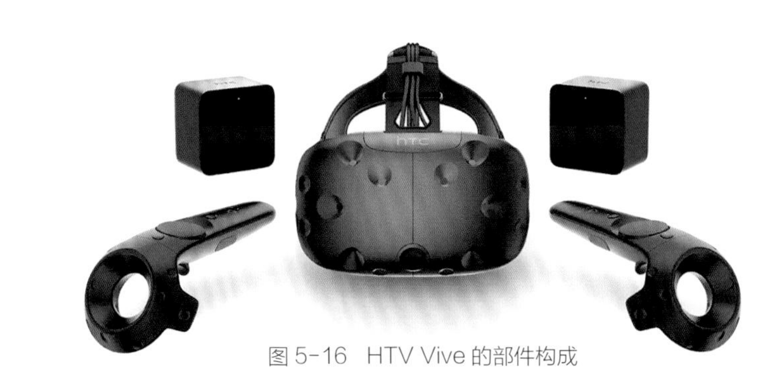
图 5-16　HTV Vive 的部件构成

图 5-17　HTC Vive 数据线接口

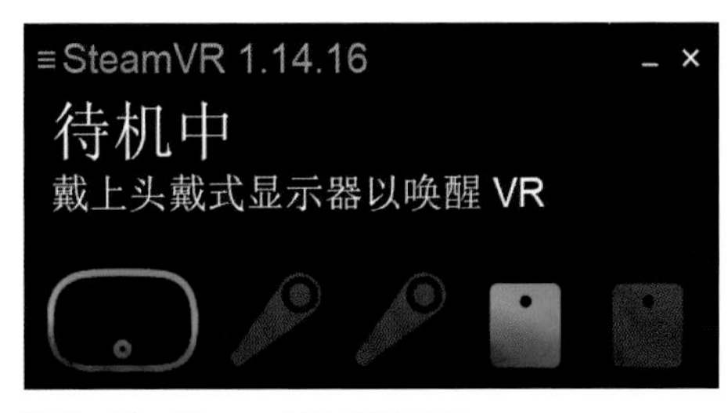

图 5-18　Steam VR 软件界面

初次使用 HTC VIVE 头戴显示器，需要进行教程的学习，了解和掌握头戴显示器手柄的操作、交互方法。点击“Steam VR”按钮，在弹出菜单中选择“教程”即可，如图 5-19 所示。

戴上耳机，穿好手柄的手绳后即可进行教程的学习。完成教程的学习后，可以使用 Steam 平台进行其他程序或游戏的体验与使用。Steam 平台需要先注册账号，它能够将计算机中所有的 VR 程序进行统一管理，便于使用，如图 5-20 所示。

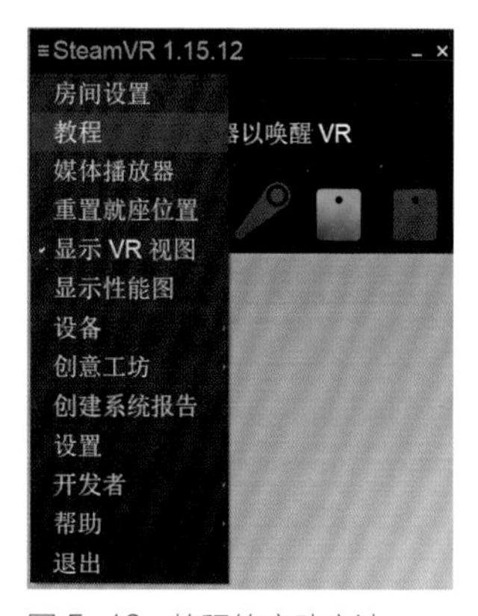

图 5-19　教程的启动方法

图 5-20　Steam 登录界面

输入账户名称和密码后即可登录，进入 Steam 的“库”以后，可以看到所有的应用，选择想要启动的应用后，点击“开始游戏”即可，如图 5-21 所示。

图 5-21　Steam 使用界面

了解和掌握 Steam VR 和 Steam 平台后，我们开始进行全景视频的展示和播放。使用 HTC Vive 观看 VR 影片需要使用 Vive Cinema 程序，这个软件在 Vive 软件应用商店可以免费下载。Vive Cinema 目前支持 360 全景视频与上下分屏 3D 视频，使用相对简单，目前支持的文件格式为“.mp4”“.mkv”“.mov”和“.divx”。在启动 Vive Cinema 之前，需要将全景 VR 影片拷贝到计算机的相应目录下，具体操作步骤如下：

（1）将全景视频文件拷贝至视频文件夹中的“Vive Cinema”。如果没有该文件夹，可以自己新建一个名为 Vive Cinema 的文件夹。文件目录为：此电脑—视频—Vive Cinema。

（2）戴好头戴显示器后启动 Vive Cinema 程序，其界面如图 5-22 所示。

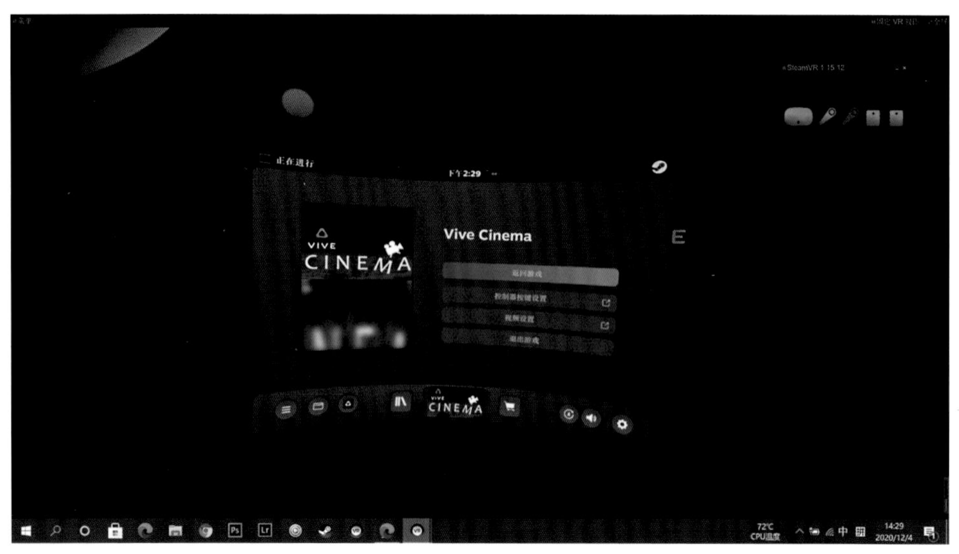

图 5-22　Vive Cinema 界面

（3）选择视频。

①使用手柄指向全景视频的缩略图，按下扳机。

②当视频个数超过 12 个时，在控制手柄的触控板上左右滑动可移至下一页。

（4）调整屏幕位置。

①观看一般视频、3D 视频时，指向屏幕并按住扳机不放，在控制手柄的触控板上下滑动，可调整屏幕距离。

②观看 360° 视频、360 立体视频时，指向屏幕并按住扳机不放，在控制手柄的触控板上左右滑动，可调整观看的水平视线方向。

（5）播放、暂停、下一段视频，以及音量控制。

①按下选单按钮，可显示或隐藏控制面板。

②指向控制面板上的按钮，并按下扳机，可以启动这个按钮的功能。

③按下握柄按钮可暂停或启动视频。

使用头戴显示器观看全景视频的第二种方法是直接使用SteamVR小程序，将SteamVR程序更新到1.15.12或以上版本即可。点击程序左上角弹出菜单，选择第三项“媒体播放器”即可实时调出SteamVR版本更新后自带的视频媒体播放器，如图5-23所示。

SteamVR自带的媒体播放器SteamVR Media Player在PC端启动后，其界面如图5-24所示。

左侧边栏可以选择文件目录，也可以直接从资源管理器中将待播放文件直接拖曳到界面右下角的空白处。界面右上角是布局和格式选项，当需要使用头戴显示器进行全场景的视频播放时，布局要选择左右模式（Left、Right），格式选择360° 即可。从左侧边栏的待播放文件目录中选中视频后，预览界面会出现展平模式的全景视频画面，如图5-25所示。点击“播放”“停止”可对播放进度进行控制，也可以直接拖曳播放位置进行调整。

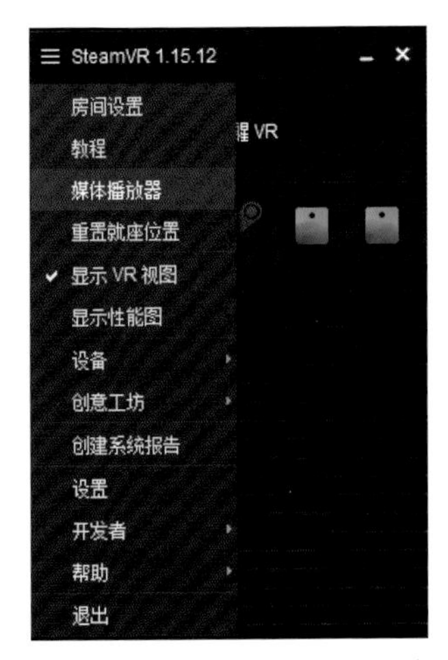

图5-23 SteamVR程序中开启媒体播放器的菜单位置

图5-24 SteamVR Media Player软件界面

5-25 SteamVR Media Player视频播放控制

使用左右模式的 360° 格式播放后，在头戴显示器中即可观看具有沉浸感的全景视频。同时，在计算机上开启 VR 视图，如图 5-26 所示，可以在电脑显示器上同步显示头戴显示器上显示的内容。

电脑上镜像显示出来的 VR 视图效果，播放同一场景，可见与以“展平”播放的全景视频有着明显的差异，如图 5-27、图 5-28 所示。

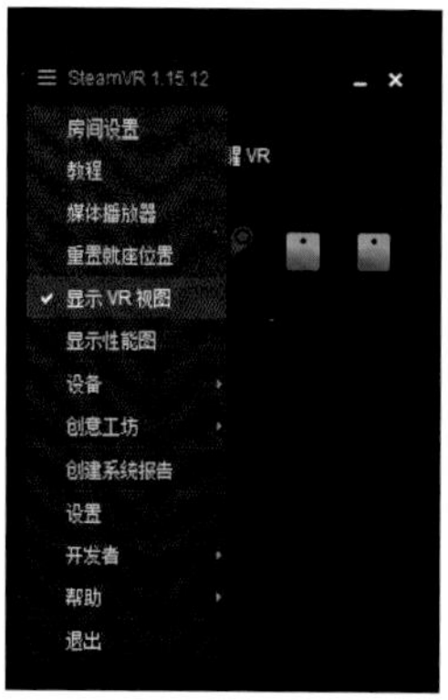

SteamVR 1.15.12
房间设置
教程
媒体播放器
重置就座位置
✓ 显示 VR 视图
显示性能图
设备
创意工坊
创建系统报告
设置
开发者
帮助
退出

图 5-26　开启 VR 视图

图 5-27　VR 视图显示的头戴显示器镜像

图 5-28 “展平”模式播放的同一全景视频素材

与Vive Cinema类似，使用头戴显示器在Steam VR Media Player程序中也可以选择“屏幕（Screen）”模式观看全景视频，如图5-29所示。在“屏幕（Screen）”模式下，头戴显示器中显示的仅仅是全景视频的平面视角，无法产生视角的变换以及全景视频的沉浸感。

手机端展示全景视频，其特点是可以充分利用手机屏幕交互的优势，结合手机自带的陀螺仪等部件，能够方便快捷地进行全景视频导航、定位等。同时，由于手机APP生态的日益丰富，除了查看自己拍摄的内容，平台上能够直接观看付费或免费的全景视频资源。另外，除了使用手机自身屏幕进行交互，还可以搭配简易的头戴显示器，配合手机陀螺仪实现头部动作的定位。在现场拍摄过程中，利用Wi-Fi连接全景摄像机，可实现画面的实时监看，有利于导演和摄像师做出应对措施。

电脑端展示全景视频，其特点是只能使用平铺、展平模式进行观看。适合查看分辨率大、码率高的原始视频素材，利用Windows平台自带的“电影与电视”或Mac平台的“QuickTime”软件，使用鼠标进行简单的交互控制。这种观看方法适合全景视频素材的游览、剪辑过程的预览以及成片的初步审核。

使用头戴显示器展示全景视频，其观看效果和体验感是所有方法中最优的，但是其操作流程也是最复杂的，需要借助计算机平台，将头戴显示器与计算机连接，同时全景视频资源还需放在相应的文件目录下，再启动软件才能查看。但使用这种方法有效利用了头戴显示器良好的沉浸感、互动性以及高分辨率、高刷新率的技术特点，能充分体现VR技术“3I”特征的沉浸感和交互性。

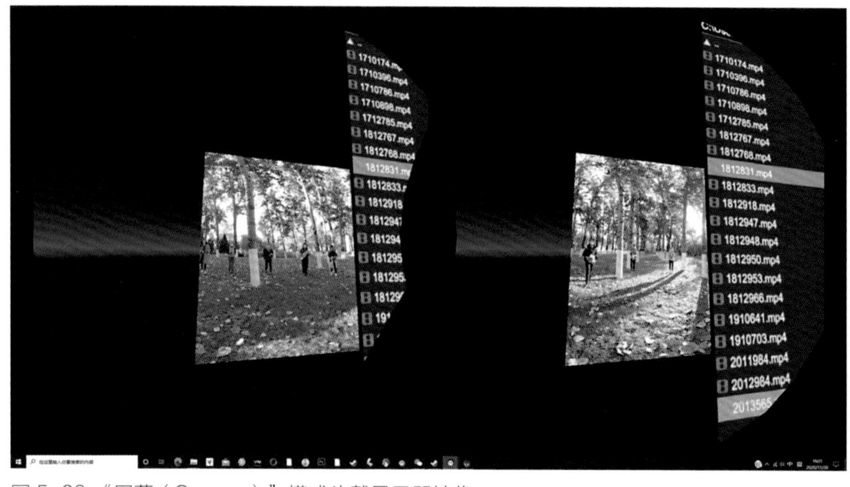

图5-29 “屏幕（Screen）”模式头戴显示器镜像

结 语

互联网、VR 等先进技术的发展为高等教育的发展带来了机遇和挑战，教师教学与学生学习的传统方式、方法逐渐被改变。在当前大学生能够接触的数字技术条件下，数字媒介的理论技术知识涵盖了文本、图形、图像、影像以及 VR 全景等层面。体系化地构建数字素养课程体系，可以全方位地帮助大学生掌握现代数字技术使用能力，这些能力包括媒体编辑、数字图像处理、照片拍摄与编辑、高级影视编辑、VR 全景视频创作以及航拍实践等。

VR 全景视频创作是大学生数字素养的实践技能之一，在本科教学中属于知识与技能拓展的课程。创作 VR 全景视频内容，可以帮助学生全面了解 VR 技术手段，对交互沉浸式优秀内容具备一定的鉴别和欣赏能力，并对由此所衍生的大量实践和探索进行反复试验。现行的高等教育已经发展了一百多年，科技的高速发展对人才的培养提出了更高的要求。所有的媒介背后都蕴藏着推动知识传播的潜力，而 VR 更加关注这一功能，它把学生培养成知识的主动探究者而非被动的接收者。

本教程中基础知识的讲授，让学生感受 VR 技术在交互式媒体方面产生的变化，加速推动以叙事方式为中心的多媒体技术的发展。借助全景摄像拍摄的手段，在计算机平台上进行后期缝合，让学生系统了解 VR 全景影像的生产流程，使其能够熟练配合使用 VR 头戴显示器，独立操作全景摄像机，对拍摄素材进行独立自主的缝合编辑。

基于大学生数字能力培养的 VR 全景视频创作，立足数字素养的概念和数字能力整合模型，探索在新文科背景下数字素养的培养方式，以及数字素养如何促进新文科的发展这两个核心问题。结合相关虚拟仿真教学手段，借助数字文化资源管理资源库，在先进的文科实验教学环境下，采用“能力导向式”的教学方法，强化大学生数字素养培育。

本书着重介绍了 VR 技术的相关基础知识以及全景视频拍摄的流程化处理。利用 VR 技术的实验教学虽然是全新的手段，具有极大的发展前景，但也缺少可借鉴学习的榜样，因而实验教学过程也是漫长的探索过程。另外目前优质的教学案例与内容依然比较匮乏，所以制作并积累好的教学素材也是需要解决的问题。

冯欢